JN087443

ヤマケイ文庫

野外毒本
被害実例から知る日本の危険生物

Haneda Osamu　　羽根田　治

Yamakei Library

本書の使い方

本書は、野外活動する人たちに知っておいてほしい「危険な生物」を紹介するハンドブックです。それぞれの生物をイラストや写真で紹介し、実際の体験談に基づいた「被害実例」を掲載。以下に示す巻頭カラーページ、本文記事、巻末記事から構成されています。

巻頭カラーページ

危険な生物の写真と簡潔な解説を掲載。解説は、分布、大きさ、被害の多い時期（植物の場合は開花時期）、特徴の順に紹介しています。写真右下に示した被害状況のマークについては以下のとおりです。

（打撃）鋭い爪や牙などで突進型の攻撃をする

（咬む）鋭い牙や毒牙などで咬みついてくる

（毒）有毒成分を持つ。咬まれたり刺されたりして毒が注入されるほか、食べることで食中毒を引き起こす

（炎症）体液や樹液、汁液などに炎症を起こす成分を含む

（吸血）人体に取りついて吸血する

（刺す）鋭いトゲや刺毛、刺胞などで刺す生物。毒成分を有するものも多い

（切る）鋭利な突起状の部位を持つ

（挟む）強固なハサミ状の前肢を持つ

（感染症）感染症を引き起こす

（アレルギー）アレルギー症状を引き起こす

本文記事

各生物ごとに「本文」と「データ」で構成し、イラストや写真を適宜掲載しています。また、危険度については以下の3段階で評価しています。

軽度の被害ですむ場合が多いが、症状によっては病院へ行く必要がある。

死亡する可能性は低いが、被害状況によっては重症（傷）化することもあり、そうなったときは病院へ行く必要がある。

死亡したり重症（傷）化することもある。被害状況によっては応急手当では対応できず、病院で治療を受ける必要がある。

Ｐ　カラー写真掲載ページ

＋　対処法・応急処置掲載ページ

写真／宇野裕之

写真／高橋昭治

ヒグマ →P72参照

●北海道●雄2.5〜3m、200〜400kg／雌2.5〜3m、90〜150kg●春〜秋●国内最大の野生生物で、体毛は灰褐色または黒色。

（打撃）（咬む）

ツキノワグマ →P75参照

●本州、四国●1.1〜1.5m、50〜150kg●春〜秋●体毛は黒く、胸の部分に三日月状の白斑がある。ヒグマよりもひとまわり小さい。

（打撃）（咬む）

写真／下山孝

写真／下山孝

ニホンザル →P76参照

●本州、四国、九州●約60cm前後●通年●体毛は茶褐色で、顔と臀部は赤みを帯びた皮膚が露出。山林で群れを成して生活する。

（咬む）

ニホンイノシシ →P77参照

●本州以南●約1m、約110kg●通年●体色は黒褐色や赤褐色。鼻は前方に長く突き出ており、雄雌ともに犬歯が発達。

（刺す）（咬む）

写真／下山孝

写真／下山孝

ホンドギツネ →P78参照

●本州、四国、九州●50〜75cm、4〜7kg●通年●草原、河川敷、雑木林などに生息。細くしなやかな体つきで、毛色は赤褐色。

（感染症）（咬む）

野犬 →P79参照

●日本全国●通年●都市近郊の山中や森の中、公園などに棲む。捨てられて野生化したペットがほとんどなので、犬種はさまざま。

（感染症）（咬む）

写真／萩原清司

咬む
毒

ニホンマムシ →P80参照

●琉球列島以外の日本全国●40〜60cm
●春〜秋●褐色の銭形斑紋が左右非対称
に並んでいる。体色は個体差が大きい。

写真／星野三雄

咬む
毒

ツシママムシ →P81参照

●対馬●40〜60cm●春〜秋●ニホンマム
シに似ているが、背面の楕円形の斑紋の中
心の暗色斑がないのが特徴。

写真／下山孝

咬む
毒

ヤマカガシ →P82参照

●本州、四国、九州、大隅諸島●1m前後●
春先〜初冬●全体的に黒褐色で、体側面
に黒斑が並ぶ。若い個体は赤斑が混じる。

写真／沖縄県衛生環境研究所

ハブ →P84参照

● 奄美諸島、沖縄諸島 ● 40cm～2m ● 通年 ● 大きな三角形の頭部と細い首が特徴。体色は黄褐色、大きな黒褐色の斑紋が不規則に並ぶ。

咬む
毒

写真／沖縄県衛生環境研究所

咬む
毒

ヒメハブ

● 奄美諸島、沖縄諸島 ● 最長80cm ● 通年 ● 灰色または茶色の地に黒い斑紋。水辺に多い。毒牙が短く、毒量も少ない。

写真／沖縄県衛生環境研究所

咬む
毒

サキシマハブ

● 八重山諸島 ● 20～120cm ● 通年 ● 茶色の地に黒いギザギザ模様が特徴。沖縄本島に持ち込まれ、近年は本島南部の一部にも定着。

写真／沖縄県衛生環境研究所

咬む
毒

タイワンハブ

● 沖縄本島 ● 最長130cm ● 通年 ● サキシマハブによく似ている。本来は中国大陸や台湾に生息するが、沖縄本島北部にも定着。

写真／星野二三雄

咬む
毒

トカラハブ

● トカラ列島の宝島と小宝島 ● 最長110cm ● 通年 ● 体色は明るい褐色、背面に楕円形の斑紋が交互に並んでいる。

5

写真／星野三雄

咬む

毒

ヒャン →P86参照

●奄美大島、加計路麻島、与路島、請島 ●最長50cm ●通年 ●体色は美しいオレンジ色で、太い黒色の横縞が何本か入っている。

写真／沖縄県環境衛生研究所

咬む

毒

ハイ →P86参照

●徳之島から沖縄本島までの一部の島々 ●最長60cm ●通年 ●オレンジと黒の縦縞模様で、ところどころに白い横縞がある。

写真／沖縄県衛生環境研究所

咬む

毒

イワサキワモンベニヘビ →P86参照

●石垣島、西表島 ●最長60cm ●通年 ●赤と黒の横縞模様のヘビ。性格は極めておとなしく、捕まえても咬まない。

写真／星野三雄

咬む

毒

ガラスヒバァ →P87参照

●奄美諸島、沖縄諸島 ●最長110cm ●通年 ●黒褐色あるいは暗灰色の地に白い横縞と斑点がある。主に水辺に生息。

写真／萩原清司

咬む

スッポン →P88参照

●本州、四国、九州、壱岐、石垣島、西表島、与那国島 ●約30cm ●春〜初冬 ●体色は灰褐色。楕円形の軟らかい甲羅を持つ。

写真／萩原清司

咬む

カミツキガメ →P88参照

●本州、四国、九州 ●約50cm ●通年 ●外来生物の一種で、強靭な四肢と大きな頭部、長い尾を持つ。甲羅後部の縁は鋸状。

写真／下山孝

アカハライモリ
→P89参照

● 本州、四国、九州、大隅諸島 ● 10cm前後 ● 通年
● 背面は黒褐色、腹面は赤またはオレンジ色で、不規則な黒斑紋が点在する。別名「ニホンイモリ」。

毒

炎症

写真／萩原清司

毒

炎症

シリケンイモリ

● 奄美大島、徳之島、沖縄本島、渡嘉敷島、瀬底島 ● 14cm ● 通年 ● 背面に白っぽい斑紋があり、腹面はオレンジ色。

写真／下山孝

毒

炎症

ニホンヒキガエル
→P90参照

● 本州の近畿以西、四国、九州 ● 8〜15cm前後 ● 春〜秋 ● 湿った場所に好んで生息。茶褐色のずんぐりした体形が特徴。

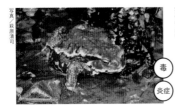
写真／萩原清司

毒

炎症

アズマヒキガエル

● 北海道の函館周辺および本州(近畿以東と中国の一部) ● 3〜15cm前後 ● 春〜秋 ● 一般に雄は黄褐色、雌は茶褐色。

写真／下山孝

毒

炎症

ニホンアマガエル
→P91参照

● 日本全国。南限は屋久島 ● 約2〜4cm前後 ● 春〜秋 ● 背面は鮮やかな黄緑色で腹部は白い。環境により体色を変化させる。

写真／ヤマビル研究会

吸血

ヤマビル →P93参照

●岩手・秋田以南の本州、四国、九州、琉球列島 ●約2cm、伸びると5cmほど ●5〜10月 ●扁平で細長い陸生吸血種。色は黄褐色、背面に黒い3本の縦縞。

写真／大島健夫

吸血

チスイビル

●北海道〜九州 ●約3〜4cm ●春〜秋 ●水田、沼、池、川などの淡水域に生息。背面は緑褐色で、数条の黄褐色の縦線が入る。

写真／田口哲

刺す

毒

ギギ →P92参照

●本州中部以西、四国の吉野川水系、九州北西部の河川 ●30cm ●通年 ●体色は暗黄褐色または暗緑色。8本の口ひげがある。

写真／田口哲

刺す

毒

アカザ →P92参照

●本州中部以南、四国、九州の河川 ●10cm ●通年 ●8本の太い口ひげを持つ。体色は暗赤色または明るい赤褐色。

写真／田口哲

刺す

毒

ギバチ →P92参照

●本州の神奈川県以北の太平洋側、富山県以北の日本海側 ●25cm ●通年 ●細長い体形で、8本の口ひげがある。

写真／下山孝

トビズムカデ →P94参照

●本州以南●15cm●春〜秋●暗く湿った場所に生息。頭部は赤褐色(鳶色)、胴部の背面は黒、腹部と歩脚は黄色。

咬む / 毒

写真／萩原清司

アカズムカデ →P94参照

●本州、四国、九州●13cm●春〜秋●背面は緑褐色だが、頭部と歩脚は赤褐色。オオムカデの仲間の中で最も強い毒を持つ。

咬む / 毒

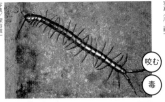

写真／深谷信一

アオズムカデ →P94参照

●本州以南●10cm●春〜秋●平地〜山野に広く分布。背面は金属光沢のある暗青色。歩脚は黄色だが、先端が青っぽい。

咬む / 毒

写真／川上紳一

ヤエヤママルヤスデ

●八重山諸島●8〜9cm●春〜秋●石垣島や西表島に生息する日本最大のヤスデ。光沢のある鮮やかな赤と黒の縞模様が特徴。

炎症 / 毒

写真／梅谷献二

ヤケヤスデ →P95参照

●日本全国●2cm●春〜秋●背面は黒褐色、腹面と脚は淡色。ムカデに似ているが、環節に脚が1対(2本)あるムカデに対し、ヤスデは2対(4本)ある。

炎症 / 毒

写真／梅谷献二

マダラサソリ
→P96参照

●小笠原諸島、宮古・八重山諸島●40mm●春〜秋●体は細長く、飴色の地に黒褐色の斑模様がある。長い2対のハサミを持ち、鉤状の尾の先端に毒針がある。

刺す

毒

写真／梅谷献二

ヤエヤマサソリ
→P96参照

●八重山諸島●40mm ●春〜秋●山中の朽木の樹皮下などに生息する。体色は暗褐色で、マダラサソリに比べると胴部もハサミもずんぐりとしている。やはり毒性は弱い。

刺す

毒

写真／萩原清司

炎症

毒

アマミサソリモドキ　→P97参照

●本州、四国、九州、沖縄●80mm●春〜秋●背面は黒褐色、腹面は赤黒い。尾は節がなく鞭状で、鉤状の毒針もない。

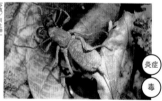
写真／川上紳一

炎症

毒

タイワンサソリモドキ　→P97参照

●沖縄・宮古・八重山諸島●80mm●春〜秋●アマミサソリモドキによく似る。倒木や石の下などに生息している。

写真／梅谷献二

カバキコマチグモ
→P98参照

● 北海道～九州 ● 雄
12mm前後、雌14mm前
後 ● 5～8月 ● 体色は黄
褐色、頭胸部は橙色、大き
な牙は先端が黒い。国内
では最も刺咬被害が多い
毒グモ。

（咬む）

（毒）

写真／巣地珠郎・虫ナビ

アシナガコマチグモ
→P98参照

● 本州、四国、九州 ● 雄約10mm、雌約12
～14mm ● 6～9月 ● 第一脚が体長の3倍
ほどもある。広葉樹の葉を巻いて巣をつくる。

（咬む）

（毒）

写真／深谷信一

ヤマトコマチグモ

● 日本全国 ● 雄約8mm、雌約9mm ● 6～
9月 ● 背面は褐色、腹部は橙黄色。ヨシやス
スキなどの葉を巻いて巣をつくる。

（咬む）

（毒）

写真／名古屋市衛生研究所

セアカゴケグモ
→P99参照

● 本州、四国、九州、沖縄 ● 雄5mm前後、
雌10mm前後 ● 通年 ● 体色は黒。球形の
腹部背面と腹面に赤い斑紋がある。

（咬む）

（毒）

写真／環境省

ハイイロゴケグモ

● 本州、九州、沖縄 ● 雄3～5mm、雌
10mm ● 通年 ● 外来種で、褐色または灰色
の腹部背面には赤っぽい斑紋が並ぶ。

（咬む）

（炎症）

写真／谷重和

イエダニ →P100参照

●日本全国●0.5〜1mm●春〜秋●ネズミに寄生するが、人やペットにも寄生する。体色は灰褐色だが、吸血すると赤〜黒に変わる。

刺す／吸血

写真／国立感染症研究所

ヤマトマダニ →P101参照

●屋久島以北の日本全国●2〜10mm●春〜夏●体色は白っぽいが、吸血するに従いピンク色、暗黒色へと変化する。

刺す／吸血／感染症

写真／神谷有二

シュルツェマダニ

●北海道、本州中部以北●2〜3mm●春〜夏●赤褐色をした吸血性のダニ。血を吸って満腹になると1cm近くにも肥大する。

刺す／吸血／感染症

写真／谷重和

アカツツガムシ →P102参照

●秋田県の雄物川、山形県の最上川、新潟県の信濃川、阿賀野川流域など●0.2〜0.3mm●6〜9月●楕円形の体に微毛が密生。

刺す／吸血／感染症

写真／埼玉県衛生研究所

フトゲツツガムシ →P102参照

●北海道〜九州●0.2〜0.3mm●秋〜春●幼虫の体色は橙色。微毛が密生し、3対の脚を持つ。主にノネズミに寄生する。

刺す／吸血／感染症

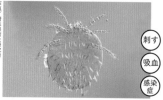

写真／埼玉県衛生研究所

タテツツガムシ →P102参照

●北海道を除く全国●0.2〜0.3mm●秋〜冬●房総、東海、九州などに分布。体色は橙色。主にノネズミに寄生する。

刺す／吸血／感染症

写真／川上紳一

ドクガ →P103参照

●北海道〜九州●幼虫40mm、成虫20mm●5〜7月●幼虫の体色は黒色の地に橙色斑、成虫の体色は黄色で、前翅の中央部に黒っぽい色帯がある。卵〜成虫まで有毒。

刺す

毒

写真／川上紳一

モンシロドクガ

●奄美大島、徳之島、沖縄本島、渡嘉敷島、瀬底島●14mm●通年●背面に白っぽい斑紋があり、腹面はオレンジ色。

キドクガ

●北海道〜九州●幼虫28mm、成虫15mm前後●5〜9月●成虫の体色は黄色で、前翅の中央部に黒っぽい斑紋がある。

刺す

毒

写真／下山孝

チャドクガ →P104参照

●本州、四国、九州●幼虫25mm、成虫10〜15mm●4〜5月、8〜9月●幼虫は頭部が黄褐色、背面は暗褐色で中央部は黄褐色。成虫の体色は黄色。卵〜成虫まで有毒。

刺す

毒

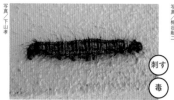
写真／下山孝

写真／梅谷献二

マツカレハ →P105参照

刺す
毒

●日本全国●75mm●春〜初秋●体表面は銀色、胸部背面に藍黒色の毒針毛の束がある。繭にも毒針毛があるが、成虫は無毒。

ヤマダカレハ

刺す
毒

●関東以西の本州、四国●90mm●4〜7月●青い体に黒い大きな斑紋が並ぶ。背面に茶色の毒針毛が密生。成虫は無毒。

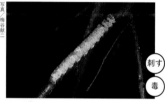
写真／梅谷献二

写真／梅谷献二

クヌギカレハ

刺す
毒

●日本全国●75mm●春●体色は基本的に赤褐色だが、個体差が激しい。胸部背面に毒針毛群がある。成虫は無毒。

タケカレハ

刺す
毒

●北海道〜九州●60mm●5〜6月、9〜10月●体色は黄褐色、背面に黒点状のラインが2本ある。全身に毒針毛。成虫は無毒。

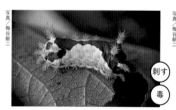
写真／梅谷献二

写真／梅谷献二

イラガ →P106参照

刺す
毒

●日本全国●25mm●7〜10月●褐色紋のある鮮やかな黄緑色の体に、見るからに痛そうな毒棘を多数持つ。繭や成虫は無毒。

アオイラガ

刺す
毒

●本州、四国、九州●26mm●6〜7月、8〜9月●鮮やかな黄緑色で、背面中央に一条の青い線が走る。繭は有毒、成虫は無毒。

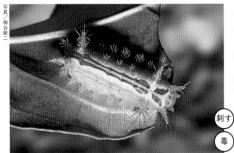

写真／梅谷献二

クロシタアオイラガ

●日本全国●20mm●6〜9月●イラガに似ているが、紋様が異なる。カキ、クリ、クヌギ、ウメ、サクラ、ヤナギ類などにつく。繭は有毒、成虫は無毒。

刺す

毒

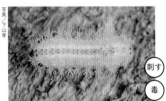

写真／下山孝

ヒロヘリアオイラガ

●関東以西●22mm●5〜6月、8〜9月●体色は黄緑、背面中央に黒っぽい青筋が走る。繭は有毒、成虫は無毒。

刺す

毒

写真／深谷信一

ウメスカシクロバ　　→P107参照

●北海道、本州●18mm●春●体色は黒っぽく、腹面は紅紫色。白い毒針毛がたくさんある。繭や成虫は無毒。

刺す

毒

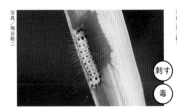

写真／梅谷献二

タケノホソクロバ　　→P107参照

●日本全国●20mm●5〜7月、8〜9月●体色は黄褐色。黒褐色のコブが体中に並び、そこに短い毒針毛がある。繭や成虫は無毒。

刺す

毒

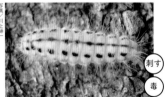

写真／川上紳一

リンゴハマキクロバ

●北海道〜九州●30mm●6月●体色は白っぽく、背面に黒い縦縞があり、その両側に黒斑が並ぶ。体中に毒針毛がある。繭や成虫は無毒。

刺す

毒

写真／梅谷献二

炎症

毒

アオカミキリモドキ →P108参照

●日本全国●13mm前後●晩春〜夏●体色は橙色で、前翅は光沢のある青緑色。夕方〜真夜中に活発に活動。灯火に飛来する。

写真／深谷信一

炎症

毒

ツマグロカミキリモドキ

●北海道〜沖縄●9〜12mm●5〜7月●全体が黄褐色、前翅の先端部は黒色。幼虫は朽木をエサとする。

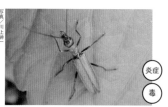

写真／川上紳一

炎症

毒

キムネカミキリモドキ

●北海道〜九州●8〜12mm●7月●北海道〜九州に分布、とくに北海道地方で被害が多い。体色は暗褐色で、首だけが黄色。

写真／梅谷献二

マメハンミョウ
→P109参照

● 本州、四国、九州 ●
15mm前後 ● 7～9月 ●
頭部のみが赤く、体と前翅
は黒い。前翅には白っぽ
い縦条線が入っている。
野菜類の大害虫。

炎症

毒

写真／梅谷献二

マルクビツチハンミョウ

● 日本全国 ● 7～25mm ● 早春～初夏 ●
体色は黒藍色で、腹部が大きい。平地や低
山の草地に生息。成虫は草食性。

炎症

毒

写真／川上紳一

ヒメツチハンミョウ

● 日本全国 ● 9～20mm ● 3～5月 ● 体色
は黒藍色。体型、生態はマルクビツチハンミョ
ウによく似る。触覚の形状で区別できる。

炎症

毒

写真／川上紳一

キイロゲンセイ

● 本州、四国、九州 ● 9～20mm ● 7～8月
● 体色は黄色。低山や草地などでよく見か
けられる。夜は灯火に集まる。

炎症

毒

写真／梅谷献二

アオバアリガタハネカクシ →P110参照

● 日本全国 ● 約7mm ● 6～8月 ● 細長いア
リのような体形で、頭部と後胸部と尾端は黒、
前胸部と腹部は橙色、前翅は短く藍緑色。

炎症

毒

写真／下山孝

マイマイカブリ
→P111参照

●北海道〜屋久島 ●26〜65mm ●4〜10月 ●体色は光沢のある黒色だが、生息地域によって体色や体形に変化がある。カタツムリやミミズなどを捕食。

炎症

毒

写真／梅谷献二

写真／梅谷献二

炎症

毒

炎症

毒

アオオサムシ

●青森県〜本州中部 ●20〜30mm ●4〜10月 ●体色は金緑色だが、地域によっては赤銅色や緑銅色、黄銅色などの個体もいる。

クロナガオサムシ

●本州、九州 ●30mm前後 ●4〜10月 ●平地から山地にまで生息、中国地方以西では山地のみ。体色は黒で、体は若干細長い。

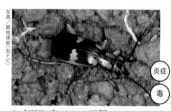

写真／築地琢郎／虫ナビ

炎症

毒

ミイデラゴミムシの仲間 →P112参照

●日本全国 ●15〜17mm ●4〜10月 ●頭部と胸部は黄色に黒紋、上翅は黒地に一対の黄色の斑紋。写真はオオミイデラゴミムシ。

写真／深谷信一

炎症

毒

オオホソクビゴミムシ

●北海道〜九州 ●15〜16mm ●通年 ●頭部と胸部は黄褐色、上翅は光沢のない黒色。ミイデラゴミムシと同様の有毒ガスを噴射する。

写真／萩原清司

オオスズメバチ →P113参照

●北海道〜大隅諸島 ●27〜40mm ●春〜秋 ●橙色の体に黒い横斑がある。頭部は大きく、咬む力が強大。攻撃性、毒性も強い。

刺す
毒
アレルギー

写真／下山孝

キイロスズメバチ →P114参照

●本州〜大隅諸島 ●17〜24mm ●春〜秋 ●体全体に黄色の毛が密生する。木の枝、土中、軒下、屋根裏などさまざまな場所に営巣。

刺す
毒
アレルギー

写真／川上紳一

クロスズメバチ

●北海道〜奄美諸島 ●10〜20mm ●春〜秋 ●小型のスズメバチで黒い地色に薄黄色の横帯が数本入っている。

刺す
毒
アレルギー

写真／川上紳一

ヒメスズメバチ

●本州以南 ●25〜35mm ●春〜秋 ●尾の末端が黒く、他のスズメバチ類と区別しやすい。アシナガバチ類の巣を専門に襲う。

刺す
毒
アレルギー

写真／川上紳一

コガタスズメバチ

●日本全国 ●20〜25mm ●春〜秋 ●人家の生垣や庭木など、低木の枝に営巣。昆虫やクモ、アオムシなどを狩る。

刺す
毒
アレルギー

写真／下山孝

モンスズメバチ

●北海道〜九州 ●20〜28mm ●春〜秋 ●体には赤褐色の斑紋が、単眼の周辺には黒斑がある。攻撃性は強い。

刺す
毒
アレルギー

写真／萩原清司

セグロアシナガバチ →P116参照

●本州以南●20〜25mm●6〜8月●日本でいちばん大きなアシナガバチ。黒い体に黄褐色の斑があり、前伸腹節が黒い。

刺す／毒／アレルギー

写真／下山孝

フタモンアシナガバチ

●日本全国●15mm前後●春〜秋●黒い体に鮮黄色の斑紋がある。腹部にある一対の円模様が特徴。刺されると非常に痛い。

刺す／毒／アレルギー

写真／川上紳一

キアシナガバチ

●日本全国●20〜25mm●春〜秋●セグロアシナガバチによく似るが、体色の黄色がより鮮やか。アシナガバチの中では攻撃性は強い。

刺す／毒／アレルギー

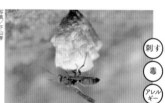

写真／下山孝

キボシアシナガバチ

●沖縄を除く日本各地●15mm前後●春〜秋●体色は黒地で赤褐色の斑紋がある。巣の蛹室に黄色い蓋をするのが特徴。

刺す／毒／アレルギー

写真／下山孝

ヤマトアシナガバチ

●北海道を除く日本各地●20mm前後●春〜秋●黒色で褐色の斑紋が多い。中胸背板に1〜2対の黄褐色の縦紋がある。

刺す／毒／アレルギー

写真／川上紳一

コアシナガバチ

●北海道〜九州●11〜17mm●春〜秋●ほかのアシナガバチよりも小型。体色は黒系が多く、腹部に赤褐色と黄色の斑紋がある。

刺す／毒／アレルギー

写真／下山孝

セイヨウミツバチ →P117参照

●日本全国●約13mm●春〜秋●胸部は黒褐色、腹部には黄褐色の帯状紋がある。腹部上部がオレンジ色であることが特徴。

刺す／毒／アレルギー

ニホンミツバチ →P117参照

●北海道以外の日本全国●約12mm●春〜秋●セイヨウミツバチに比べてやや小さく、体色は若干黒ずんいる。

刺す／毒／アレルギー

写真／川上紳一

オオマルハナバチ →P118参照

●北海道〜九州●8〜20mm●春〜秋●全身が黒色と黄白色の毛で覆われている。地域や個体によって毛色の変化が激しい。

刺す／毒／アレルギー

写真／川上紳一

トラマルハナバチ →P118参照

●北海道〜九州●8〜19mm●春〜秋●明るい黄褐色の長い毛に覆われていて、腹部の先端部が黒い。

刺す／毒／アレルギー

写真／川上紳一

クマバチ（キムネクマバチ）

●本州、四国、九州●21〜23mm●春〜秋●コロコロした体型で、頭部と腹は光沢のある黒色、胸部には黄色の毛が密生する。

刺す／毒／アレルギー

写真／前田貴

キオビクモバチ →P119参照

●本州以南●22〜29mm●8〜9月●雄と雌で体色が異なる。雄は黒で、体全体に鮮やかな黄色の縞模様がある。

刺す／毒／アレルギー

写真／深谷信一

（刺す）（毒）

オオハリアリ →P120参照

●本州、四国、九州●4mm前後●春〜秋
●体色は光沢のある黒。林縁部や人家の周
辺など、比較的どこでも見られる。

写真／築地琢郎(虫ナビ)

（咬む）

アズマオオズアリ

●本州、四国、九州●兵アリは約4mm、働き
アリは約2mm●春〜秋●兵アリは赤褐色
で頭部が極端に大きい。働きアリは黄褐色。

写真／丸山宗利

（咬む）（毒）（アレルギー）

アカカミアリ →P121参照

●硫黄島、沖縄本島、伊江島の米軍基地内
●3〜8mm●不明●体色は赤褐色で頭部
は褐色。頭部は四角形状で極端に大きい。

写真／北澤篤

（咬む）（毒）（炎症）

エゾアカヤマアリ →P122参照

●北海道南西部および本州中央部以北
●7mm●春〜秋●頭と胸は赤褐色、腹部は
黒褐色。気性は荒っぽく、集団で攻撃する。

写真／下山孝

（咬む）（毒）

クロオオアリ

●トカラ列島諏訪之瀬島以北●7〜12
mm●春〜秋●体色は黒、腹部に光沢のあ
る短い毛が密生。開けた場所の地中に営巣。

写真／下山孝

（咬む）（毒）

クロヤマアリ

●屋久島以北●4.5〜6mm●早春〜晩秋
●体色は灰色あるいは黒褐色。低地や山地
の明るい場所の地中に営巣する。

ヒトスジシマカ
→P123参照

●本州以南 ●約4.5mm
●初夏〜秋 ●体色は黒、
体中に白い縞模様があり、
中胸の背面中央に1本の
白い縦条が走る。日中、雌
のみが吸血する。

刺す
感染症

ヤマトヤブカ

●日本全国 ●6mm前後 ●通年 ●体色は黒
または暗色で、黄白斑を有する。胸背に特徴
的な模様がある。

刺す
感染症

アカイエカ
→P124参照

●日本全国 ●5.5mm ●春〜秋 ●体色は灰
褐色、胸背部は若干橙色がかる。夕方にな
ると雌が人家に侵入して人を吸血する。

刺す
感染症

シナハマダラカ
→P125参照

●日本全国 ●約5.5mm ●夏 ●体は茶褐色。
翅に斑模様が入っている。吸血するときに腹
の末端を持ち上げるのが特徴。

刺す
感染症

ニワトリヌカカ
→P126参照

●北海道を除く日本全国 ●約1.2mm ●4
〜9月 ●体色は暗緑黄色、暗色透明な翅に
は白っぽい斑紋が散在。

刺す
感染症

野山の危険生物／カの仲間　23

写真／湊和雄／アマナ

アシマダラブユ →P127参照

●日本全国●3〜5mm●主に春〜秋●体は黒褐色、脚部は黄色と黒の斑模様。朝夕の2回吸血する。

刺す / 吸血 / 毒

写真／石川県白山自然保護センター

イヨシロオビアブ →P128参照

●北海道〜九州●9〜12mm●7月上旬〜9月下旬●胸背板は黒灰色で、後端が白い。黒い腹部には白い帯が数本入る。

刺す / 吸血 / 毒

写真／川上紳一

ヤマトアブ

●北海道〜屋久島●8〜12mm●通年●体色は黄色がかった褐色。胸背色は灰褐色で黒い縦筋がある。日中から夕方まで活発に吸血。

刺す / 吸血 / 毒

写真／川上紳一

シロフアブ

●北海道、本州、四国、対馬●14〜19mm●6月中旬〜9月中旬●胸背部に黒と灰白色の縦条、腹背部に黒と灰白色の斑紋がある。

刺す / 吸血 / 毒

写真／川上紳一

アオコアブ

●本州、四国、九州●11〜13mm●7〜8月●イヨシロオビアブによく似ている。腹部に黄色っぽい毛がある。薄暮時に活動。

刺す / 吸血 / 毒

写真／川上紳一

アカウシアブ

●北海道〜九州●23〜33mm●夏●国内最大のアブ。体色は黒と黄の縞模様で、スズメバチに似る。人の上半身を襲う習性がある。

刺す / 吸血 / 毒

写真／川上紳一

オオトビサシガメ →P129参照

●本州、四国、九州●20〜25mm●5〜9月●日本最大のサシガメ。体色は黒褐色で、体全体を白っぽい微毛が覆う。

写真／川上紳一

クロサシガメ

●本州、四国、九州、沖縄●12mm●5〜9月●平地〜山地まで広く分布。名前の通り体色は黒で、前翅は褐色〜黄褐色。

写真／川上紳一

ヤニサシガメ

●本州、四国、九州●12〜15mm●4〜6月●体全体がマツヤニ状の粘着物で覆われ、光沢のある黒い体色をしている。

写真／深谷信

ヨコヅナサシガメ

●本州、四国、九州●16〜24mm●4〜10月●体色は光沢のある黒色、張り出した部分が黒白の縞模様になっている。

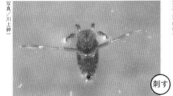

写真／川上紳一

マツモムシ →P130参照

●北海道〜九州●10〜15mm●主に夏●細長い楕円形の体で、体色は淡い黄褐色。背面には黒色の斑紋がある。

写真／平松和也

ケシカタビロアメンボ

●本州、四国、九州、沖縄●1.5〜2mm●4〜10月●翅がある種とない種がいる。有翅型には白い斑紋があり、背板が大きい。

写真／松倉一夫

スギ　　　→P132参照

●本州、四国、九州●30
〜40m●3〜4月●日本
固有種の常緑高木。樹皮
は赤茶色で、縦に長くむけ
る。針状の葉は濃緑色で
光沢があり、枝に螺旋状
につく。

アレルギー

炎症

写真／松倉一夫

ヒノキ

●本州の福島県以西〜
屋久島●20〜30m●3〜
5月●雌雄同株の常緑高
木。樹皮は赤褐色、葉は
鱗片状で、裏面にY字状
の白い気孔線がある。葉
先は尖っていない。

アレルギー

炎症

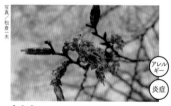

写真／松倉一夫

アレルギー

炎症

ケヤキ

●本州、四国、九州●20〜25m●3〜5月
●雌雄同株の落葉高木。樹皮は灰白色〜
灰紫褐色。葉は先が尖った卵形。

写真／川上紳一

アレルギー

炎症

ブタクサ

●日本全国●30〜150cm●8〜10月●北
アメリカ原産のキク科の1年草。道端や空き
地などに生える。全体に軟毛がある。

写真／川上紳一

ウルシ　→P133参照

●各地で栽培●10〜15m●5〜6月●雌雄異株の落葉高木。樹皮は灰白色、葉は長さ30〜65cmの奇数羽状複葉で互生する。

写真／松倉一夫

ヤマウルシ

●北海道〜九州●3〜8m●6〜7月●山地に分布する落葉小高木。ウルシによく似ているが、ヤマウルシのほうが小型。

写真／松倉一夫

ハゼノキ

●関東以北●約10m●5〜6月●山地に分布する雌雄異株の落葉高木。秋には直径約1cmの、白く光沢がある実ができる。

ツタウルシ

●北海道〜九州●ツル性植物●6〜7月●山地に生育し、木や岩に這い上るだけではなく、地面を這って広がることもある。

写真／松倉一夫

ヌルデ

●日本全国●約5m●8〜9月●山野に生える落葉小高木。長楕円形の葉は羽状に互生。葉裏に軟毛、葉軸に翼がある。雌雄異株。

写真／松倉一夫

イチジク　→P134参照

●各地で栽培●約4m●6〜9月●互生する葉は大型で、3〜5つに裂ける。雌果嚢の中に白い花が密生し、秋に暗紫色に熟する。

写真／奥田重俊

イラクサ

↓P135参照

刺す

●本州、四国、九州●50〜100cm●8〜10月●雌雄同株。茎や葉柄、葉の表面に長さ2〜3mmのたくさんの刺毛を持つ。

ムカゴイラクサ

刺す

●北海道〜九州●40〜80cm●8〜9月●山野に生育する多年草。イラクサと違って葉が互生し、葉腋にムカゴをつける。

写真／大中みちる

刺す

ママコノシリヌグイ

●日本全国●ツル性植物●5〜10月●タデ科タデ属のツル性一年草。茎には下向きのトゲがある。トゲは鋭く、触れると痛い。

刺す

カラタチ　　　　　→P136参照

●日本全国●約2m●4〜5月●楕円形の小葉は長さ4〜7cm、まだ葉が伸びる前の春に直径4cm前後の白い花をつける。

写真／松倉一夫

刺す

ハマナス　　　　　→P136参照

●北海道、本州●1〜1.5m●6〜8月●海岸の砂地に生育する落葉低木。大群落をつくり、6〜8月に鮮やかな紅色の花をつける。

写真／川上紳一

刺す

サンショウ

●北海道〜九州●約3m●4〜5月●ミカン科の落葉低木。枝や葉柄の基部に、対になった鋭いトゲがある。

タラノキ →P137参照

●日本全国●3～5m●夏●日当たりのいい伐採跡地や林縁、林道沿いなどに見られる落葉低木。枝葉は縁に鋸歯のある卵形。

刺す

ハリギリ

●北海道～九州●10～25m●7～8月●ウコギ科の落葉高木。樹皮は黒褐色で、若木の枝や幹に太く鋭いトゲがある。

刺す

ノイバラ →P138参照

●北海道～九州●約2m●5～6月●小葉は長楕円形で、縁は鋸歯状。表面には光沢がなく、葉裏と葉軸には短毛がある。

刺す

テリハノイバラ →P138参照

●本州以南●約30～50cm●夏●ノイバラに似るが、テリハノイバラは地を這うように横に伸びる。枝には鉤状のトゲがまばらにある。

刺す

写真／松倉一夫

モミジイチゴ →P139参照

●中部地方以北●1～2m●4～5月●バラ科の落葉低木で、低山や里山などでよく見る。枝や葉柄などに細く短いトゲがある。

刺す

写真／大中みちる

ナワシロイチゴ

●日本全国●20～50cm●5～6月●バラ科のツル性落葉低木。日当たりのいい道端や小川の岸辺などに生育する。

刺す

写真／松倉一夫

アジサイ　　　　　　→P140参照

毒

●日本全国で栽培●1〜2m●6〜7月●梅雨どきに多彩な色の花を多数咲かせる。食用の大葉に似た葉には有毒成分を含む。

写真／松倉一夫

アズマシャクナゲ　　　→P141参照

毒

●宮城県南部〜中部地方●2〜4m●5〜6月●葉は長い楕円形で互生する。赤〜ピンクもしくは白色の花を枝先に多数つける。

写真／松倉一夫

アセビ　　　　　　　→P142参照

毒

●本州の山形県以西、四国、九州●2〜9m●3〜5月●互生する葉は長さ3〜8cm、硬くて光沢があり、縁は細かい鋸歯状。

写真／清水英彦

アゼムシロ（ミゾカクシ）　→P143参照

毒

●日本全国●10〜15cm●6〜11月●水田や湿地などに見られる多年草。茎は地面を這うよう伸びる。葉はまばらに互生する。

無毒

写真／松倉一夫

スダジイ　　　　　　→P144参照

●日本全国●30m●5〜6月●樹皮は黒褐色、互生する葉は厚い。実はエゴノキの実よりふたまわりほど小さく、食用となる。

エゴノキ　　　　　　→P144参照

毒

●日本全国●7〜15m●5〜6月●樹皮は滑らかな暗紫褐色。互生する葉は長楕円形で、縁に小鋸歯がある。エゴサポニンを含む。

写真／大中みちる

エニシダ →P145参照

●各地で栽培●2〜3m●5月●枝は箒状に分かれて垂れ、葉は3つの小葉から成る。花は鮮やかな黄色。

写真／takun243

（毒）

●本州の関東以西●ツル性植物●7月●葉は硬く、円形で光沢がある。秋に藍黒色の実をつける。

アオツヅラフジ →P146参照

●日本全国●ツル性植物●7〜8月●山野の薮でよく目にする。葉は卵型あるいはハート型で、若干光沢がある。

（炎症）（毒）

オキナグサ →P147参照

●本州、四国、九州●10〜35cm●4〜5月●春に鐘形で暗赤色の花を下向きにつける。種子には白い羽毛が密生。絶滅危惧種。

写真／松倉一夫

オシロイバナ →P148参照

●日本全国●1m●7〜9月●観賞用として各地で栽培されている。夕方〜明け方に咲く夜行性の花。

写真／大中みちる

（炎症）（毒）

オニシバリ →P149参照

●本州の福島県以西、四国、九州●約1m●3〜4月●細長い葉が互生、春に小さな黄緑色の花が咲く。秋に赤い実をつける。

オニドコロ

写真／野崎清代

毒

→P150参照

●日本全国●ツル性植物●7〜8月●互生する葉は丸いハート型。淡黄緑色の小さな花を多数咲かせる。根に有毒成分。

キツネノボタン

写真／takun243

毒
炎症

→P151参照

●日本全国●30m●4〜7月●葉は3つの小葉に分かれ、深い切れ目が入る。春〜夏に黄色い花を咲かせる。

ケキツネノボタン

毒
炎症

●本州、四国、九州、沖縄●30〜60cm●3〜7月●キツネノボタンによく似るが、果実のトゲ先がほとんど曲がっていない。

写真／松倉一夫

炎症
毒

ウマノアシガタ（キンポウゲ）

●北海道〜九州●30〜60cm●4〜5月●日当たりのいい場所に生える多年草。葉は小葉に分かれず、深く3つに裂ける。

無毒

写真／大中みちる

セリ　　　　　→P151参照

●日本全国●20〜50cm●7〜8月●湿地や水田などに分布。若芽や若葉はキツネノボタンよりもずっと柔らかい。

ゲンノショウコ　　→P151参照

●北海道〜九州●30〜50cm●7〜10月●古くから下痢止めや健胃の民間薬として用いられてきた。若葉は食用にされる。

写真／松倉一夫

炎症
毒

キョウチクトウ　→P152参照

●日本全国●3～4m●6～9月●インド原産の常緑低木。葉は細長で厚ぼったく、光沢がある。花は筒状鐘形。

クサノオウ →P153参照

毒
炎症

●北海道～九州●30～80cm●5～7月●茎や葉裏などに縮れた長い毛が密生し、全体が粉白色を帯びて見える。

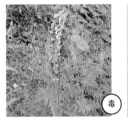

毒
炎症

ヤマブキソウ

●本州、四国、九州●30～40cm●4～6月●林の下草として群生する多年草。春に黄色い花が咲く。

クララ →P154参照

毒

●本州、四国、九州●80～150cm●6～7月●茎と葉には細かい毛が生え、淡黄色の花を穂状につける。

写真／奥田重俊

毒

クロウメモドキ　→P155参照

●本州の関東・中部地方、九州北部●2～6m●4～5月●先が尖った小枝を持つ落葉低木。黒い球形の実に有毒成分を含む。

写真／takun243

グロリオサ →P156参照

毒

●園芸種として全国各地で栽培●1～1.5m●7～9月●葉先は巻きひげとなってほかのものに絡みつく。

ケシ →P157参照

毒

● 栽培種のみ●1〜1.7m●5〜6月●ヨーロッパ原産の多年草。未成熟の果実の汁液からアヘンが精製される。

ハカマオニゲシ

毒

● 栽培種のみ●70〜100cm●初夏●葉は羽状に深く切れ込み、全体に白色の剛毛がある。花は大きな深紅色。

アツミゲシ

毒

● 栽培種のみ●30〜80cm●春〜夏●北アフリカ原産の1年草で、繁殖力が強い。ケシによく似るが、小ぶりでまばらに小剛毛がある。

サワギキョウ →P158参照

毒

● 北海道〜九州●50〜100cm●8〜9月● 沢や湿原や沼地などに群生。細長く尖った葉は互生し、縁は細かい鋸歯状。

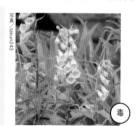

食用注意

コンフリー →P159参照

● 日本全国●80cm以上●初夏●葉がジギタリスに似るが、縁は鋸歯状ではない。過剰摂取すると肝障害を引き起こす。

ジギタリス →P159参照

毒

● 全国各地で栽培。一部野生化●80〜120cm●5〜7月●葉は披針形または広卵形で、縁は鋭い鋸歯状になっている。

シキミ　→P160参照

● 本州の宮城県以西 ● 2〜10m ● 3〜4月
● 山地に自生する常緑小高木〜高木。果実は星形で、熟すと種子がはじき出る。

ミヤマシキミ

● 本州の関東以西、四国、九州 ● 50〜100cm ● 3〜5月 ● 山地の林に生育するミカン科の常緑低木。葉がシキミに似る。

写真／羽根田治

ソテツ　→P161参照

● 九州、沖縄 ● 1〜5m ● 6〜8月 ● 野原や海岸などに自生する常緑低木。円柱状の幹の上から四方に広がる細長い針状の葉を出す。

写真／川上紳一

タケニグサ　→P162参照

● 本州、四国、九州 ● 1〜2m ● 7〜8月 ●全体に白粉を帯びていて白っぽく見える。互生する葉は掌状で裏は真っ白。

写真／takun243

チョウセンアサガオ　→P163参照

● 日本全国 ● 1m ● 8〜9月 ● 互生する葉は卵形で縁は波状。夏から秋にトランペット型の白い花を上向きにつける。臭気がある。

写真／鈴木庸夫

ヨウシュチョウセンアサガオ

● 日本全国 ● 1〜2m ● 8〜9月 ● チョウセンアサガオによく似るが、草丈や花がやや小さく、葉の縁に鋸歯がある。全草に有毒成分。

写真／大中みちる

テイカカズラ →P164参照

（炎症）（毒）

●本州の近畿地方以西、四国、九州●つる性植物●5〜6月●楕円形で光沢のある葉は対生。春に芳香のある小さな花をつける。

トウダイグサ →P165参照

（炎症）（毒）

●本州以西●20〜30cm●4〜6月●がっしりした茎の先に葉を放射状に5枚つける。葉は長さ1〜3cmのヘラ型または倒卵形。

写真／takun243

タカトウダイ

（毒）（炎症）

●本州、四国、九州●50〜80cm●6〜7月●山地や丘陵に分布。名前は、トウダイグサの仲間の中でも最も草丈が高いことに由来。

ナツトウダイ

（炎症）（毒）

●北海道〜九州●40cm●4〜5月●山地や丘陵に分布。花序の腺体が三日月型なのですぐに判別できる。ユーフォルビンを含む。

ノウルシ

（毒）（炎症）

●北海道〜九州●30cm●4〜5月●湿地帯に分布する多年草。全草にアルカロイドのユーフォルビンを含む。

ドクウツギ →P166参照

（毒）

●北海道、本州の近畿地方以北●1〜2m●5〜6月●対生する葉は卵状の長楕円形。実は夏の間に赤から黒紫色に変色して熟す。

写真／清水英彦

ドクゼリ →P167参照

🔴毒

●北海道～九州●90～100cm●6～8月
●若いころの葉や花はセリとよく似る。球状の小さな白い花を放射状にいくつもつける。

写真／takuni243

ドクニンジン →P168参照

🔴毒

●北海道と本州の一部●1～2m●7～8月
●茎には暗紫色の斑紋があり、上部で枝分かれする。葉はニンジンの葉に似る。

写真／松倉一夫

ナンテン →P169参照

🔴毒

●本州の茨城県以西、四国、九州●約2m●
5～6月●葉は茎の上部に集まって互生。花は黄色い雌しべが目立つ白色。

写真／松倉一夫

ニワトコ →P170参照

🔴毒

●北海道～九州●3～6m●4～5月●小葉は長楕円形で、縁に細かい鋸歯がある。若葉と同時に淡黄白色の小さな花が咲く。

写真／松倉一夫

バイケイソウ
→P171参照

🔴毒

●北海道、本州●1～1.5m●6～8月●茎は太く直立、葉には縦筋が何本も入る。茎の上部に緑白色の花をたくさん咲かせる。

写真／鈴木庸夫

食用注意

ギシギシ →P170参照

●北海道～九州●60～100cm●6～8月
●葉がスイバに似るが、形は長楕円形で縁が大きく波打つ。花の色は淡緑色。

コバイケイソウ

●北海道、本州の中部以北●約1m●6〜8月●高山帯〜亜高山帯に生息する。バイケイソウより小型で、白い花を咲かせる。

スズラン

●北海道、本州中部以北●15〜30cm●4〜6月●山地や高原に生育する多年草。若葉がギョウジャニンニクに似る。

ハシリドコロ
→P172参照

ハシリドコロ

●本州、四国、九州●30〜60cm●4〜5月●茎は直立、葉は長楕円形で互生する。春、葉の腋に暗紅色の花を1個ずつつける。

ヒガンバナ　　　→P173参照

●日本全国●30〜50cm●9月●人里に近いところに群生。茎は直立し、秋にその先端に大きな赤い花をいっせいに咲かせる。

キツネノカミソリ

●北海道〜九州●30〜50cm●8〜9月●春に帯状の葉を出し、夏に葉が枯れたあとに黄赤色の花が咲く。

ニホンズイセン

●観賞用として全国で栽培●30〜60cm●12〜4月●多くの園芸種がある。葉はニラに、鱗茎はタマネギやラッキョウに似る。

写真／奥田重俊

ヒョウタンボク

→P174参照

●北海道、本州、四国●1〜1.5m●4〜6月●葉は長楕円形または卵状楕円形。花は咲きはじめは白く、のちに黄色に。夏、赤い球形の実が2つ並んで熟す。

毒

無毒

写真／松倉一夫

ウグイスカグラ

●北海道、本州、四国●1〜3m●4〜5月●山野に自生する落葉低木。6月ごろに楕円形の赤い実をふたつ並んでつける。実は食用となり、ジャムや果実酒などに適す。

写真／松倉一夫

毒

フクジュソウ

→P175参照

●北海道〜九州●15〜30cm●2〜4月●包葉状の葉に包まれた花茎の先に黄色い花をつける。赤、橙、緑などの品種もある。

写真／tikun243

イチリンソウ

毒

●北海道、本州、四国●15〜30cm●4〜5月●葉には細かい切れ込みがある。長い花茎の先に白い花をひとつつける。

ホウチャクソウ　→P176参照

●日本全国●30〜60cm●4〜5月●茎は
直立し、葉は長楕円形。茎の先がふたつに
分かれ、筒状の白い花を1〜3個垂れ下げる。

マムシグサ →P177参照

毒
炎症

●北海道〜九州●50〜60cm●4〜6月●
マムシ模様のある偽茎と葉を地上に伸ばす。
春、筒状の「仏炎苞」をつける。

ミミガタテンナンショウ

毒
炎症

●本州、四国●20〜40cm●4〜5月●山地
の林下に生育する多年草。マムシグサによく
似るが、仏炎苞の両側は耳たぶ状になる。

ウラシマソウ

毒
炎症

●北海道〜九州●40〜50cm●4〜5月
●仏炎苞の先端がヒモ状に長く伸びるのを
浦島太郎の釣り糸に見立てたのが名の由来。

ザゼンソウ

炎症
毒

●北海道〜本州●20〜40cm●2〜5月
●特徴的な仏炎苞は暗紫色〜緑色で、悪
臭がある。全草に毒。

ミズバショウ

炎症
毒

●北海道、本州中部以北●40〜80cm●4
〜6月●山中の湿地や湿原に群生。小花が
肉穂花序に密集し、白い仏炎包に包まれる。

写真／松倉一夫

ムラサキケマン

↓P178参照

●日本全国●20〜50cm●4〜6月●茎は五角形、互生する葉は細かく裂ける。上部に紅紫色または白色の小さな花を多数つける。

写真／羽根田治

炎症

毒

クワズイモ

●四国南部、九州南部〜沖縄●60〜200cm●5〜8月●長くて太い葉柄に長楕円形の葉がつく。仏炎包は緑白色。

写真／萩原清司

毒

キケマン

●本州の関東以西、四国、九州、沖縄●40〜80cm●4〜6月●海岸や低地に生える越年草。その名の通り黄色い花をいっぱいつける。

ミヤマキケマン

毒

ミヤマキケマン

●本州の近畿地方以北●20〜50cm●4〜7月●山地に生育する。茎の先に約2cmの淡黄色の小さな花をたくさん咲かせる。

写真／松倉一夫

毒

ヤマトリカブト

→P179参照

●本州中部以北●80〜150cm●8〜10月●葉は互生し、掌状に深く裂ける。夏から秋に、烏帽子状の青紫色の花をつける。

写真／松倉一夫

毒

ユズリハ

→P180参照

●本州の福島県以西、四国、九州、沖縄●4〜10m●5〜6月●葉は長楕円形、花は緑黄色。果実は藍黒色の楕円球状。

ヨウシュヤマゴボウ　→P181参照

（毒）

●北海道〜九州●1.5m以上●6〜9月●太い根はゴボウ状、大きな葉は長楕円形。淡紅紫色の花のあとにできる実は黒紫色。

写真／川上紳一

ヤマゴボウ　→P181参照

（毒）

●北海道〜九州●1m以上●6〜9月●多数の白い花が上向きに咲く。秋には紫黒色の実が熟す。市販の「ヤマゴボウ」とは別物。

写真／川上紳一

食用注意

写真／松倉一夫

イチョウ（ギンナン）　↓P182参照

●全国各地●45m●花は4月。実は9〜10月ごろ●樹皮は灰色、葉は扇形。種子は球形で、秋になると外種皮が黄色く変色する。

写真／松倉一夫

ウメ　→P182参照

●日本全国●3〜6m●2〜3月　実は6月●早春に葉よりも先に花をつける。花の色は白、赤、淡紅など。熟果は青いが黄変する。

写真／勝木俊雄

モモ　→P182参照

●本州〜九州●4〜5m●4月上旬　実は7〜8月●観賞用や果樹として広く栽培。果実の表面は軟らかい毛で覆われている。

写真／秋原清司

ジャガイモ　→P182参照

●日本全国●60〜100cm●5〜7月　芋は夏〜秋●地中に横に這う地下茎をもち、その先にデンプンを蓄えてイモとなる。

写真／海洋博公園・沖縄美ら海水族館

イタチザメ　　→P184参照

●青森県以南●最大5.5m●通年●沿岸の浅場から深海にまで出没。ずんぐりした体格で、頭部は角張る。頑丈な鋸歯を持つ。

咬む

写真／SeaBreeze（PIXTA）

ホホジロザメ　　→P185参照

●本州中部以南の沿岸域、外洋●最大6.4m以上●通年●どっしりした体型で、三日月型の尾ビレを持つ。

咬む

写真／アクアワールド茨城県大洗水族館

ネムリブカ

●南九州以南、小笠原●1～2m●通年●熱帯域に棲む。昼間は海底や岩陰などで休み、夕方以降、活発に活動。性格はおとなしい。

咬む

写真／アクアワールド茨城県大洗水族館

ネコザメ

●日本全国●1m●通年●温帯域のやや浅い海底に棲む。貝類や甲殻類などを咬み砕いて食べる。性格はおとなしい。

咬む

写真／アクアワールド茨城県大洗水族館

アブラツノザメ

●太平洋側では相模湾以北、日本海側は山口以北●50～150cm●通年●冷温性・近海底生性で、水産物としての需要は高い。

刺す
咬む

写真／沖縄県衛生環境研究所

オニダルマオコゼ　　→P186参照

●八丈島、屋久島以南●30cm●通年●海底の岩や石と擬態化し、砂に潜んでいることも多く、見分けるのが難しい。

刺す
毒

海の危険生物／魚類　43

写真／萩原清司

ハオコゼ

●本州以南●9cm●通年●浅瀬の藻の中や岩礁域に潜んでいることが多く、堤防釣りなどでよく釣れる。背ビレに強い毒を持つ。

刺す
毒

写真／萩原清司

ミノカサゴ　→P188参照

●北海道南部以南●25cm●通年●体色は薄赤、体に黒い縦縞模様が多数入る。大きな胸ビレと背ビレ、尻ビレに毒を持つ。

刺す
毒

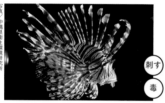

写真／沖縄県衛生環境研究所

ハナミノカサゴ

●房総半島以南●35cm●通年●沿岸岩礁域やサンゴ礁に生息。ミノカサゴと似るが、頭部の長い皮弁などから区別できる。

刺す
毒

写真／萩原清司

ミズヒキミノカサゴ

●房総半島以南●20cm●通年●ネッタイミノカサゴに酷似するが、背ビレの棘が13本であることなどから区別できる。

刺す
毒

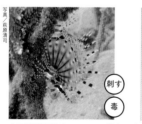

写真／萩原清司

キリンミノ

●房総半島以南●20cm●通年●岩礁域やサンゴ礁に分布。体色は薄茶色。目の上に横縞の長い皮弁がある。

刺す
毒

写真／萩原清司

オニカサゴ

●秋田県以南の日本海沿岸、本州中部以南の太平洋岸●25cm●通年●浅場の岩礁に多い。下アゴのひげのような皮弁が特徴。

刺す
毒

写真／萩原清司

ハチ

●本州中部以南●15cm●通年●浅海の砂地や泥底に生息。下顎に3本のひげ、背ビレに大きな白縁の黒斑があるのが特徴。

刺す
毒

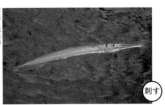

写真／矢野維幾

オキザヨリ　　　　→P190参照

●津軽海峡以南●約1m以上●春〜初冬●沿岸部の表層域を回遊。細長い銀色の体で、長く尖った顎と鋭い歯を持つ。

刺す
毒

写真／萩原清司

アカエイ　　　　→P191参照

●北海道以南●1m以上●春〜秋●背面は褐色、腹面は白色。冬は深場に生息し、暖かくなると浅瀬の砂地に集まる。

刺す
毒

写真／萩原清司

ヒラタエイ

●本州中部以南●最大で60cmほど●通年●浅い砂泥底に生息。体盤背面は黄褐色で丸みを帯びた菱形。尾は短くヒレ状。

刺す
毒

写真／萩原清司

トビエイ

●本州以南●最大2m●通年●温帯〜亜熱帯の沿岸域に分布。長いムチ状の尾を持つ。体盤は横に長い菱形。背面は茶褐色。

刺す
毒

写真／沖縄県衛生環境研究所

ゴンズイ　　　　→P192参照

●本州中部以南●20〜30cm●通年●黒色の体に白または黄色の横縞が2本、口のまわりに8本のひげがある。鋭い毒棘を持つ。

刺す
毒

写真／萩原清司

アイゴ
→P193参照

●下北半島以南 ●約30cm ●春〜初冬 ●楕円形の体形。体色は茶褐色、黄褐色または灰色で、白い斑点が入る。

刺す
毒

写真／萩原清司

ハナアイゴ

●伊豆半島以南 ●35cm ●春〜初冬 ●サンゴ礁域に生息。尾ビレの切れ込みが深く、体中に黄色の斑点が散在する。

刺す
毒

写真／萩原清司

ヒフキアイゴ

●琉球列島 ●20cm ●通年 ●サンゴ礁に生息。体色は黄色の地に黒い斑点、顔には黒い縞模様がある。紋様の数や形は一定しない。

刺す
毒

写真／萩原清司

ニザダイ
→P194参照

●青森県以南 ●40cm ●通年 ●体色は暗褐色。尾ビレの付け根のあたりに鋭い突起状の骨質板が4、5個ある。

切る

写真／萩原清司

サザナミトサカハギ

●相模湾以南 ●70cm ●通年 ●サンゴ礁に生息。尾ビレの上下が糸状に長く伸びる。尾ビレの付け根の骨質板は2つ。

切る

写真／川上紳一

テングハギ

●青森県以南 ●60cm ●通年 ●サンゴ礁に分布。頭部に天狗の鼻のような突起があり、成長するに従い長くなる。

切る

ヒゲニジギンポ　　→P195参照

●南日本、琉球列島●8cm●通年●体の前半部は黄色っぽく、腹部は白。頭部から尾ビレまで黒色縦帯が走る。

ニジギンポ

●青森県以南●11cm●通年●南日本に多い。体色は黒褐色、体側の黒色縦帯を挟んで白色の帯が走る。下顎に大きな犬歯を持つ。

ゴマモンガラ　　→P196参照

●神奈川県三崎以南●60cm●初夏〜夏●サンゴ礁の浅瀬に生息。背ビレ、臀ビレ、尾ビレに黒い縁取りがある。繁殖期には攻撃的。

モンガラカワハギ

●岩手県以南●40cm●通年●サンゴ礁域に生息。甲殻類、ウニ類、貝類などを噛み砕いて食べる。縄張り意識が強い。

ムラサメモンガラ

●房総半島以南●20cm●通年●サンゴ礁域の浅瀬に生息。独特のカラフルな体色をしている。警戒心が強く、性格は荒い。

ハリセンボン　　→P197参照

●北海道南部以南●30cm●通年●背中は淡褐色、腹部は白。体表全面にトゲを持ち、興奮するとトゲを逆立たせる。

写真／萩原清司

ウツボ →P198参照

●南日本●約80cm●通年●沿岸域岩礁やサンゴ礁の穴の中に潜む。全身に黄褐色と茶色のまだら模様がある。

咬む

写真／萩原清司

春

ドクウツボ →P240参照

●紀伊半島以南●1.8m●通年●サンゴ礁域に生息。体色は濃い茶色で、黒い斑点が不規則に並ぶ。エラ穴部が黒いのが特徴。

咬む

写真／萩原清司

ニセゴイシウツボ

●伊豆半島以南●1.8m●通年●内湾や沿岸岩礁域、サンゴ礁に生息。大型のウツボで、白っぽい地に黒丸の斑紋が全身に散在。

咬む

写真／マイザ（PIXTA）

ハモ →P199参照

●福島県以南、東シナ海●70〜220cm●春〜秋●アナゴに似た体型で、背側が褐色、腹側は白色。性格は荒っぽく攻撃的。

咬む

写真／萩原清司

ダイナンウミヘビ →P200参照

●北海道南部以南●140cm●春〜秋●のっぺりした灰褐色〜茶褐色の体で、長い吻を持つ。犬歯状の歯は密で鋭い。

咬む

写真／萩原清司

ホタテウミヘビ

●本州中部以南●1m●通年●体色は灰褐色だが、変異が大きい。夜行性で、昼間は砂地に潜って顔だけ出す。

咬む

48　海の危険生物／魚類

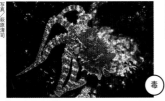

写真／萩原清司

ヒョウモンダコ　　　→P201参照

●房総半島以南●15cm●春〜秋●茶褐色または黄褐色の体表全体に青い紋様があり、刺激すると鮮やかに浮かび上がる。

毒

写真／矢野維幾

クロボシウミヘビ　　　→P202参照

●南西諸島沿岸●約90cm●通年●頭部は大きく、体も太め。尾はヒレ状。淡黄褐色と黒の横縞模様で、腹面のみ白い。

毒
咬む

写真／萩原清司

クロガシラウミヘビ

●南西諸島沿岸●140cm●通年●サンゴ礁の砂地に多い。淡黄褐色と黒の横縞模様で、尾はヒレ状。頭部は黒い。

毒
咬む

写真／萩原清司

エラブウミヘビ

●南西諸島沿岸●150cm●通年●岩礁域やサンゴ礁域に生息。尾はヒレ状で、青と暗褐色または黒い横帯模様をしている。

毒
咬む

写真／萩原清司

ヒロオウミヘビ

●屋久島以南●120cm●通年●沿岸岩礁やサンゴ礁域に生息。青と黒の横縞模様。尾はヒレ状。エラブウミヘビによく似る。

毒
咬む

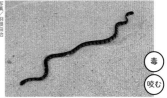

写真／羽根田治

アオマダラウミヘビ

●南西諸島沿岸●150cm●通年●岩礁域やサンゴ礁域に生息。青または灰色と黒の横縞模様。青縞の部分が黒縞よりも広い。

毒
咬む

写真／沖縄県衛生環境研究所

アンボイナ →P204参照

● 紀伊半島以南 ● 13cm ● 春〜秋 ● イモガイ類の中でも最強の毒を持つ。殻には白色と赤茶色の不規則な網目模様がある。

写真／萩原清司

刺す / 毒

タガヤサンミナシ

● 八丈島、紀伊半島以南 ● 11cm ● 春〜秋 ● サンゴ礁の浅瀬や砂礫の底などに生息。白と茶色の細かい鱗模様。貝を専門に捕食。

写真／羽根田治

刺す / 毒

シロアンボイナ

● 八丈島、奄美諸島以南 ● 8cm ● 春〜秋 ● 岩礁や砂地に生息。茶色と白または黄褐色の斑模様で、破線のような筋が何本も入る。

写真／萩原清司

刺す / 毒

ニシキミナシ

● 奄美諸島以南 ● 9cm ● 春〜秋 ● サンゴ礁や岩礁の砂地に生息。地色は淡い紅色、褐色の細い線の模様が不規則に入る。

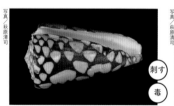

写真／萩原清司

刺す / 毒

クロミナシ

● 八丈島、紀伊半島以南 ● 7cm ● 春〜秋 ● 浅い砂地に生息。黒褐色あるいは茶褐色の地に、大小の白い斑紋が多数ある。

写真／萩原清司

刺す / 毒

ツボイモ

● 奄美諸島以南 ● 10cm ● 春〜秋 ● サンゴ礁や岩礁域に生息。殻は細長い紡錘形で黒褐色の地に大小の白い鱗模様が入る。

写真／萩原清司

切る

オオジャコガイ →P206参照

●八重山諸島以南●1.4m●通年●若い個体は足糸でサンゴ礁や岩礁などに付着。大きくなるとサンゴ礁内に転がって生息する。

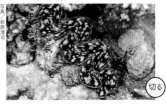

写真／萩原清司

切る

シラナミ

●紀伊半島以南●17cm●通年●足糸でサンゴ礁や岩礁などに付着する。殻は前後に細長く、殻高は低い。ヒレ状の突起を持つ。

写真／萩原清司

切る

ヒレジャコガイ

●奄美大島以南●32cm●通年●大きなヒレ状の突起が特徴。若い個体の中には殻色がピンクや黄色いものもある。

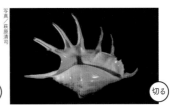

切る

クモガイ →P207参照

●紀伊半島以南●16cm●通年●貝殻の表面は褐色で、不規則な斑紋や縞がある。殻口のまわりに7本の細長い突起がある。

写真／萩原清司

切る

スイジガイ →P207参照

●紀伊半島以南●24cm●通年●クモガイ同様、細く長い突起を持つが、その数は6本で、漢字の「水」の字に似る。

写真／萩原清司

切る

マガキガイ →P205参照

●房総半島以南●6cm●通年●貝殻の表面は白地に褐色のジグザグ模様がある。殻口は濃いオレンジ色なのが特徴。

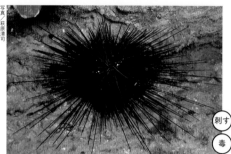

写真／萩原清司

ガンガゼ →P208参照

● 房総半島以南 ● 約9cm ● 春〜秋 ● 紫黒色のウニ。長さ30cmにもなる細長い針のようなトゲを多数持つ。トゲは中空で折れやすく、先端には毒腺がある。

刺す

毒

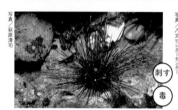

写真／萩原清司

刺す

毒

アオスジガンガゼ

● 房総半島以南 ● 10cm ● 春〜秋 ● ガンガゼによく似るが、肛門はオレンジ色ではなく、その周辺に5本の青い筋がある。

写真／ハヌビジターセンター

刺す

毒

ガンガゼモドキ

● 房総半島以南 ● 15cm ● 春〜秋 ● サンゴ礁や岩礁に生息。太いトゲの間に細くて鋭いトゲがある。トゲには毒がある。

写真／伊勢戸徹

刺す

毒

トックリガンガゼモドキ

● 本州中部以南 ● 10〜15cm ● 春〜秋 ● トゲは白と暗褐色の縞模様。ガンガゼほど尖っておらず、太く短い。

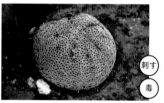

写真／萩原清司

刺す

毒

ラッパウニ →P209参照

● 房総半島以南 ● 10cm ● 通年 ● 体表一面が小さな白い花のような有毒のトゲ（叉棘）に覆われる。

写真／萩原清司

イイジマフクロウニ
→P210参照

●相模湾以南〜九州●15cm●春〜秋●柔らかい袋状の殻を持つ。側縁部のトゲは長く、上面のトゲは濃赤紫色で白色横帯があり、短い束状になる。

刺す

毒

写真／羽根田治

オニヒトデ
→P211参照

●本州中部以南●60cm●通年●14〜18本程度の腕に、毒のあるオレンジ色の鋭いトゲがびっしりとつく。

刺す

毒

写真／萩原清司

トゲモミジガイ

●房総半島以南●15cm●通年●浅海の砂底に多い。体色は茶褐色。腕の縁に沿って固くて鋭いトゲが上向きに並ぶ。

刺す

毒

写真／萩原清司

ヤツデヒトデ

●房総半島、男鹿半島以南●12cm●通年●石の裏などに生息する。腕は8本だが、6〜10本ある個体もいる。腕と背面にトゲ。

刺す

写真／萩原清司

モミジガイ

●北海道〜九州●12cm●通年●沿岸の砂泥地に多い。体色は灰青色または茶褐色。5本の腕の縁に短いトゲが密に並ぶ。

刺す

毒

写真／羽根田治

ヤシガニ →P212、242参照

●与論島以南 ●15cm ●春〜秋 ●海辺の
アダンの林などに生息。体色は青みがかった
褐色、固い甲と大きな2つのハサミを持つ。

毒
挟む

写真／萩原清司

イシガニ →P213参照

●北海道南部〜九州 ●8cm ●春〜秋 ●若
い個体は緑がかった暗褐色をし、甲羅に短
い毛が生える。成長すると毛はなくなる。

挟む

写真／萩原清司

モンハナシャコ →P214参照

●相模湾以南 ●15cm ●通年 ●シャコの仲
間。全体的な体色は深緑色。捕脚や尾ビレ、
足の先端などは鮮やかな赤色で美しい。

打撃

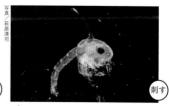
写真／萩原清司

ゾエア →P215参照

●日本全域の海洋 ●1mm以下 ●春〜夏 ●
エビやカニなど甲殻類の幼生のこと。突起や
トゲが皮膚に触れるとチクチク痛む。

刺す

写真／萩原清司

ウミケムシ →P216参照

●本州中部以南 ●15cm ●冬〜初秋 ●長
い楕円形で、背面中央に暗紫色の斑紋が
並ぶ。背面の両側に白い剛毛がある。

刺す
毒

写真／神谷洋二

オニイソメ →P217参照

●本州中部以南 ●1m以上 ●通年 ●体色
は黒褐色。400個前後の環節から成り、各
環節の両側には疣足と呼ばれる足がある。

咬む

写真／沖縄県衛生環境研究所

カツオノエボシ
→P218参照

●本州以南●10cm●春〜秋●触手は最長20mにもなる外洋性のクラゲ。気胞体は青または紫色で海面に浮き、その下に長い触手を持つ。刺胞毒は強力。

⬤刺す
⬤毒

写真／萩原清司

⬤刺す
⬤毒

カギノテクラゲ
→P219参照

●日本沿岸各地●2cm●春〜夏●途中から折れ曲がる触手が鉤型のように見えることから名がついた。傘は透明な碗型。

写真／萩原清司

⬤刺す
⬤毒

アカクラゲ

●日本沿岸各地●15cm●春●傘は薄いオレンジ色で、赤褐色の放射状の筋が16本ついている。触手は2mを超えることも。

写真／矢野雄幾

⬤刺す
⬤毒

ハブクラゲ
→P220参照

●沖縄本島以南●10cm●5〜10月●傘に4本の腕があり、そこから7本の触手が伸びる。触手の長さは1.5mにもなる。

写真／萩原清司

⬤刺す
⬤毒

アンドンクラゲ
→P221参照

●日本沿岸各地●3cm●夏●無色透明で判別しにくい。傘から伸びる4本の触手は薄いピンク色で、ときに30cm以上にも伸びる。

写真／藤田喜久

イラモ →P222参照

●和歌山県紀南地方、南西諸島●10cm以上●通年●小さな白いラッパ状の花のようなものがたくさん集まったクラゲの仲間。

写真／萩原清司

クロガヤ

●本州中部以南●20cm●春〜秋●岩棚に付着している。形状はシロガヤにそっくりだが、こちらは全体が黒色。刺胞毒を持つ。

写真／萩原清司

シロガヤ →P223参照

●本州北部以南●20cm●春〜秋●浅海の岩礁などに付着。ヒドロ虫が群集した生物で、白いシダの葉や鳥の羽のように見える。強い刺胞毒を持つ。

写真／萩原清司

ハネウミヒドラ

●本州中部以南●20cm●春〜秋●浅海に分布。サンゴ礁域の浅い岩場などに群体をつくっている。群体は羽毛のよう。

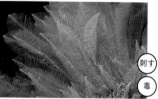
写真／萩原清司

ドングリガヤ

●本州中部以南●10cm●春〜秋●水深数mの海底の岩などに付着。幹は褐色、羽根は黄褐色。

写真／沖縄県衛生環境研究所

刺す

毒

ウンバチイソギンチャク →P224参照

●南西諸島●20cm●通年●イソギンチャクの仲間だが、岩に付着した藻に見える刺胞毒が詰まった刺胞球をたくさん持つ。

写真／沖縄県衛生環境研究所

刺す

毒

フサウンバチイソギンチャク

1999年に糸満市の大度海岸で見つかった。ほかの場所では未確認。色は薄い肌色で、刺胞球がたくさんついた突起が伸びる。

写真／萩原清司

刺す

毒

ハナブサイソギンチャク →P225参照

●紀伊半島以南●30cm●通年●カリフラワーのような形が特徴。色は薄紫色。たくさんの触手を砂地の表面に広げている。

写真／串本海中公園センター

刺す

毒

ウデナガウンバチ →P225参照

●本州中部以南●30cm●通年●サンゴ礁の砂地などに生息。48本の腕を持ち、たくさんの触手を枝分かれさせる。

写真／萩原清司

刺す

毒

スナイソギンチャク →P226参照

●本州中部以南●20cm●通年●やや深い砂地に生息。ピンク、紫、黄色など、触手の色彩変異は非常に多彩で美しい。

写真／萩原清司

刺す

毒

タマイタダキイソギンチャク

●沖縄●30cm●通年●潮通しのいいサンゴ礁に生息。大きな群落をつくることも。触手の先端部が球状に膨らみ、白い環帯を持つ。

写真／萩原清司

ハタゴイソギンチャク
→P227参照

● 奄美諸島以南 ● 40〜50cm ● 通年 ● 襞のように入り組んだ口盤を、無数の触手がゆらゆら波打ちながら覆う。体色差が大きい。クマノミが共生する。

刺す
毒

写真／萩原清司

シライトイソギンチャク

● 奄美諸島以南 ● 50cm ● 通年 ● 潮通しのいいサンゴ礁に生息。触手は非常に長く、先端に向かって細くなる。白、黄、ピンク、紫など、色はさまざま。クマノミなどと共生。

刺す
毒

写真／矢野維幾

刺す
毒

ヤツデアナサンゴモドキ →P228参照

● 奄美大島以南 ● 通年 ● 薄黄色〜白っぽい色で、木の枝のような形状。昼でも強い刺胞毒を持ったポリプを出す。

写真／矢野維幾

刺す
毒

イタアナサンゴモドキ

● 奄美大島以南 ● 最大2m ● 通年 ● 色はクリーム色。石灰質の固い板状のサンゴ。表面にはイボのような凹凸が多数ある。

オニカマス →P229参照

●南日本 ●2m以上 ●通年 ●長い形状で、体側に数十本の不明瞭な横帯がある。尾ビレは黒いが、先端は白、中央部は切れ込む。

咬む

毒

トラフグ →P230参照

●室蘭以南 ●70cm ●通年 ●体色は背面が緑青色で腹面は白。胸ビレ後方にある白い縁取りの大きな黒斑紋が特徴。

毒

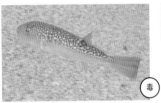

ショウサイフグ

●青森県以南 ●30cm ●通年 ●水深100mまでに生息。背中はシロと茶褐色の斑模様で、尻ビレが白い。卵巣と肝臓と皮に強い毒。

毒

クサフグ

●北海道南部以南 ●15cm ●通年 ●暗褐色の背中にたくさんの白い斑点が散在。胸ビレのうしろに大きな黒斑がある。

毒

ヒガンフグ

●北海道以南 ●30cm ●通年 ●体全体に粒状の突起が多数ある。体色は淡い褐色で、茶色の斑紋が散在。卵巣、肝臓、腸、皮に毒。

毒

キタマクラ

●北海道南部以南 ●15cm ●通年 ●岩礁やサンゴ礁に生息。体色や模様は個体差が激しいが、体側にある2本の縦線が特徴。

毒

写真／萩原清司

アカメフグ

●福島県〜高知沖の太平洋側●25cm●
通年●体の背面と側面は桃色または赤褐
色、小斑点が散在する。各ヒレも赤褐色。

毒

写真／萩原清司

モヨウフグ

●茨城県および新潟県以南●80cm●通
年●体色は黄色がかった淡灰色。体側や
背部に黒い小さな斑点が多数散在。

毒

写真／萩原清司

ハコフグ

●北海道太平洋沿岸および青森県以南●
30cm●通年●体型は角張った卵形、体色
は黄褐色。青または白の斑紋が多数ある。

毒

サザナミフグ

●青森県以南●45cm●通年●体側に白
い小紋、胸ビレの下に波状模様がある。成
魚は波状紋が消えて白くなる。

毒

写真／萩原清司

シマキンチャクフグ

●本州中部以南●10cm●通年●体側に
大きな鞍状斑があり、口吻は突き出ている。
ヒレ以外の体全体に小さなトゲがある。

毒

コクテンフグ

●本州中部以南●25cm●通年●体色は
灰褐色、黄色、青みがかかるものなど個体
差が大きい。体側に黒色が散在する。

毒

写真／串本海中公園センター

毒

アオブダイ　→P232参照

●東京湾以南●80cm●通年●頭部に突き出た大きなコブが特徴。体色は鮮やかな青緑色。強力な歯でサンゴを削り取る。

写真／萩原清司

毒

ナンヨウブダイ

●伊豆半島以南●80cm●通年●アオブダイによく似るが、背ビレ前方の鱗の数が3〜4と少ないことで区別できる。

写真／萩原清司

毒

ツムギハゼ　→P234参照

●伊豆半島以南●15cm●通年●頭が大きく、体色は黄褐色。体の側面から尾にかけて紬模様のような黒褐色の斑紋がある。

写真／萩原清司

毒

ヌノサラシ　→P235参照

●岩手県以南●約30cm●通年●体色は黒褐色〜茶褐色で、体側に白〜淡黄色の縦帯がある。成長につれ縦帯の数が増える。

写真／萩原清司

毒

キハッソク

●佐渡島および相模湾以南●20cm●通年●体色は黄色〜黄褐色。眼のところと体側中央に黒褐色の横帯がある。

写真／沖縄県衛生環境研究所

毒

バラハタ　→P236参照

●南日本●60cm●通年●サンゴ礁域に生息。体色は鮮赤色をはじめさまざま。体側に小さな桃色の斑点が無数にある。

61

写真／沖縄県衛生環境研究所

バラフエダイ　　　→P237参照

●駿河湾以南●約1m●通年●体色は桃色がかった赤色。眼の前部に溝があるのが特徴。シガテラ中毒を起こす代表的な魚。

毒

イッテンフエダイ

写真／沖縄県衛生環境研究所

●南日本、主に琉球列島以南●60cm●通年●赤みがかった体色で、胸ビレと腹ビレは黄色っぽい。体側に小さな黒斑がある。

毒

写真／萩原清司

スベスベマンジュウガニ　→P238参照

●房総半島以南●甲羅長3.6cm、幅約5cm●通年●楕円形の甲羅を持つ。甲羅は茶褐色、白いレースのような模様が入る。

毒

写真／すさみ海立エビとカニの水族館

ウモレオウギガニ

●南西諸島●甲羅長6cm、幅約10cm●通年●凹凸のある甲羅には不規則な斑紋が入る。地域・個体によって有毒化する。

毒

写真／萩原清司

ケブカガニ

●相模湾以南●30〜50mm●通年●岩場やサンゴ礁に生息。全身が褐色の長い毛で覆われる。毛色には個体差がある。

毒

写真／萩原清司

バイ　　　→P239参照

●北海道南部〜九州●殻長6〜7cm●通年●殻は厚く平滑、白地に褐色斑列がある。殻口内は淡い青色を帯びた白色、蓋は薄い。

毒

写真／水産研究・教育機構

（毒）

アブラソコムツ　　→P240参照

●南日本の太平洋側 ●2m ●通年 ●深海性の魚で、紡錘形の体型。体色は黒褐色。筋肉中に多量のワックス(ロウ)を含む。

写真／アクアワールド茨城県大洗水族館

（毒）

オオクチイシナギ　　→P240参照

●北海道〜高知県・石川県 ●2m ●通年 ●体色は黒褐色で、若魚には体側に縦縞がある。背ビレは鋭いトゲ状。

写真／海洋博公園　沖縄美ら海水族館

（毒）

シイラ　　→P240参照

●北海道以南 ●2m ●通年 ●体色は黄金色、体側に黒い小斑がある。雄の成魚の頭部は大きく張り出し、雌は丸みを帯びる。

写真／萩原清司

（毒）

ミナミウシノシタ　　→P240参照

●相模湾以南 ●20cm ●通年 ●体色は茶褐色だが、周囲の環境に合わせて体色を変化させる。背面に蛇の目模様の斑紋がある。

写真／羽根田治

（毒）

チョウセンサザエ　　→P241参照

●奄美諸島以南 ●殻長8cm前後 ●春〜秋 ●殻が厚く、トゲ状の突起がない。地色の乳白色に褐色、緑色、黒色、赤色が混じる。

写真／萩原清司

トゲクリガニ
→P241参照

●北海道〜宮城県の太平洋沿岸、北海道の日本海沿岸、陸奥湾●最大10cm●通年●ケガニをひとまわり小さくしたようなカニ。食物連鎖により毒化する。

（毒）

写真／萩原清司

ボウシュウボラ
→P241参照

●房総半島以南●殻長20cm●春〜秋●大型の巻貝。硬くコツゴツした貝殻にたくさんの突起がある。色は赤褐色〜茶褐色。

（毒）

写真／萩原清司

ホタテガイ
→P242参照

●東北以北●殻長20cm●夏●食用としてお馴染みの二枚貝で、養殖も盛ん。麻痺性貝毒または下痢性貝毒によって毒化する。

（毒）

写真／萩原清司

マガキ
→P242参照

●日本各地●殻高15cm●春〜夏●様々な調理法で食される二枚貝。麻痺性貝毒によって毒化する。

（毒）

写真／萩原清司

ムラサキイガイ
→P242参照

●日本各地●殻長10cm●春〜秋●「ムール貝」「カラス貝」などとも呼ばれ、食用となるが、貝毒を蓄積しやすい。

（毒）

今、余暇活動の中で多くの人が野山や海へと繰り出していき、積極的に自然に親しんでいる。また、自然の中での生活や仕事を志向する人も少なくない。

しかし、もともと自然というのは野生生物たちが生息するフィールドであり、そこに人間が無神経に立ち入ろうとしたときに問題が起こる。野生生物だって、好んで人間に危害を加えるわけではない。自分たちの生活の場が荒らされたり、命を脅かされたりするから、彼らの持っている鋭い歯や毒棘などで立ち向かおうとするだけなのだ。"危険生物"という言葉はあくまで人間側の立場からの一方的な定義であり、彼らにしてみたら、人間がいちばんの危険生物ということになる。

だから我々は、野生生物が生きるべき場所に、しばし立ち入らせてもらっているのだということを忘れてはならない。大事なのは、謙虚な気持ちで彼らに接するということだ。無用の争いを避けるためには、なるべく彼らと遭遇しないようにする工夫も必要となろう。それでも彼らの怒りを買ってしまったときには、速やかに退散するにかぎる。逆ギレ、報復、殺生は禁物。応戦するのは、生命に危険が及ぶ可能性があるときのみと心得たい。

便宜上、本書でも"危険生物"という言葉を使ってはいるが、本書の意図するところは彼らを敵視することではなく、人間と彼らの共存関係を構築していく一助になればということである。人間が野生生物の命や生活を極力脅かすことなく、自然の中での活動を楽しめるのなら、それに勝るものはない。

Chapter

1

Chapter

2

Chapter

3

Chapter

4

参考文献

『野外の毒虫と不快な虫』……………………………………… 梅谷献二編　全国農村教育協会

『学研の大図鑑　危険・有毒生物』……………………………………… 学習研究社

『フィールドガイドシリーズ　野外における危険な生物』…………… 日本自然保護協会編集・監修

『薬草毒草300』…………………………………………………… 朝日新聞社編　朝日文庫

『毒草を食べてみた』………………………………………………… 植松黎　文春新書

『海洋危険生物　沖縄の浜辺から』……………………………… 小林照幸著　文藝春秋

『沖縄昆虫野外観察図鑑』………………………………………… 東清二編著　沖縄出版

『日本の両生類・爬虫類』………………………………………… 松井孝爾　小学館

『沖縄の海の貝・陸の貝』……………………………… 久保弘文、黒住耐二　沖縄出版

『ヒグマとの遭遇回避と遭遇時の対応に関するマニュアル　第2版』…… 山中正実著　知床財団発行

『クマを知っていますか?』………………… 奥多摩ツキノワグマ研究グループ編集・発行

『アンボイナ刺症の1症例とイモガイ刺症の問題点』…………… 沖縄県衛生環境研究所

『海洋性危険生物対策事業報告書』…………………………… 沖縄県衛生環境研究所

『沖縄県における化学物質及び自然毒による食中毒及び苦情事例』…… 沖縄県衛生環境研究所

『海洋性有害生物による健康被害』…………………………… 沖縄県公害衛生研究所

『海洋咬刺症　―海洋生物による咬症・刺症』………… 沖縄南部徳洲会病院 高気圧治療部

『フィールドワーカーのための毒蛇咬症ガイド』………… 境淳・森口一・鳥羽通久　日本蛇族学術研究所

『海の危険生物』………………………………………………… 沖縄マリン出版

『新ポケット版 学研の図鑑 危険・有毒生物』………………………… 学研教育出版

『フィールドベスト図鑑 危険・有毒生物』……………………………… 学研教育出版

(紙面の都合により、主なもののみを記す)

参考・協力ウェブサイト

ぁぃの飼育ブログ ··· http://aiaicamera.seesaa.net

アクアワールド茨城県大洗水族館 ································· http://www.aquaworld-oarai.com

イー薬草・ドット・コム ··· http://www.e-yakusou.com/

大阪府水生昆虫図鑑 ···················· http://www12.plala.or.jp/kazuya0715/index.html

沖縄県衛生環境研究所 ······················· https://www.pref.okinawa.jp/site/hoken/eiken/

海洋博公園・沖縄美ら海水族館 ·································· https://churaumi.okinawa

神奈川県水産技術センター内水面試験場 ········· http://www.pref.kanagawa.jp/div/1734/

環境省自然環境局「日本の外来種対策」 ········· http://www.env.go.jp/nature/intro/index.html

串本海域公園 ························· http://www.env.go.jp/nature/nco/kinki/kushimoto/JP/

串本海中公園 ·· http://www.kushimoto.co.jp

厚生労働省 自然毒のリスクプロファイル ··········· http://www.mhlw.go.jp/topics/syokuchu/poison/

国立感染症研究所 ····························· http://www.nih.go.jp/niid/ja/from-idsc.html

島根県中山間地域研究センター ······················ http://www.pref.shimane.lg.jp/chusankan/

ジャパン・スネークセンター ································· http://snake-center.com

じゃぷれっぷ ···························· https://baikada.com/Wildlog/archives/4224

すさみ町立エビとカニの水族館 ···················· http://www.ebikani-aquarium.com/

スラダケの自由帳 ··· http://suradake.blog.fc2.com/

全国地球温暖化防止活動推進センター ······················· http://www.jccca.org/

DAYLIGHT RAMBLER ································· http://daylightrambler.blog.fc2.com/

東京23区の虫2 ····························· http://tokyoinsects2.blog.fc2.com/

東京都薬用植物園 ··················· http://www.tokyo-eiken.go.jp/lb_iyaku/plant/

都市のスズメバチ ····················· http://www2u.biglobe.ne.jp/~vespa/

日本中毒情報センター ····································· https://www.j-poison-ic.jp

八丈ビジターセンター ····································· http://www.hachijo-vc.com

平群庵 ························· http://www.hegurinosato.sakura.ne.jp/

北摂の生き物 ··· http://hokusetsu-ikimono.com/

虫ナビ ·· http://mushinavi.com

ヤマビル研究会 ····················· http://www.tele.co.jp/ui/leech/index.html

山森★浪漫 ····································· http://blog.livedoor.jp/mira47/

理科教材データベース〜理科教育用Web教材集〜 ········· http://chigaku.ed.gifu-u.ac.jp/chigakuhp/html/kyo/

1

第1章／野山の危険生物

登山やハイキング、キャンプ、山菜・キノコ狩り、川遊び、カヌーなど、野山をフィールドとするなんらかの野外活動に、今、多くの人が親しんでいる。しかし、そこはさまざまな野生生物の生息圏でもあり、彼らとの遭遇がときに思わぬ被害をもたらすことになる。野山へ出て行くときには、可能なかぎり野生生物との遭遇を回避するよう務めるとともに、有毒・吸血昆虫などに対する防御や対処をしっかり行なうことが必要になってくる。

ヒグマ

北海道に生息する国内最大の野生生物。臆病な性格だが、自分や子グマに危険が迫ると攻撃的に

被害実例　仲間3人とともに釧路管内白糠町上茶路の国有林にエゾシカ猟に来ていた60歳男性が、シカを追って山中を歩いていたとき、背後で物音がしたと思ったら突如ヒグマに襲われた。男性はライフル銃を3発撃って反撃したが、頭部や顔面をかじられる重傷を負った。クマは約100m下の谷底に転落、のちに死んでいるのが発見された。事故当時、現場にはもう1頭のクマがいたといい、親子グマだった可能性が高い。現場周辺はヒグマの目撃情報の多い場所で、近隣ではハンターや山菜採りの地元住民がヒグマに襲われる事故が4年連続で起こっていた。

被害状況　前肢の鋭い爪による打撃および咬傷。

予防法　活動期は冬眠期間を除く春から晩秋まで。とくに夕方や早朝、雨や曇り、霧など薄暗いときに活発に活動する。

　予防策は、なにはともあれ出合わないようにすることがベスト。そのためにはヒグマがエサ場としているエリアに立ち入らないようにする

● 分布／北海道
● 生息環境／主に森林地帯に生息しているが、場所によっては海岸付近や高山帯にも出没。道内の山は離島を除く全域が生息可能域と考えられている。
● 特徴／雄は体長2.5〜3m、体重200〜400kg 。雌は2.5〜3m、90〜150kg。ツキノワグマよりひとまわりほど大きく、体毛は灰褐色または黒色。
● 生態／木の実やハチ、サケ、マスなどなんでも食べる雑食性で、ときには家畜を襲うこともある。性格は臆病だが、子グマや自分自身を守るときには攻撃的になる。樹洞や土穴などに入って越冬し、冬眠中に雌は1、2頭の子を生む。

Column

キャンプ時の予防法

　北海道でキャンプをするときも、ヒグマ対策は最優先課題となる。とくに幕営地の選定は慎重に。川辺や草原やカールなどは幕営地として最適だが、これらはヒグマのエサ場になっ

こと。春なら山菜採りに適した沢筋や海岸の草つきの斜面、ミズバショウの多い湿地、エゾジカの越冬場所、アザラシやトドなどの死骸が打ち上げられた海岸。夏はオオブキが群生している沢沿い、セリ科の草本が多い草原、アリの巣がたくさんあるところ。秋はドングリやヤマブドウなどの木の実が豊富な山中、サケ・マスが遡上して産卵する河川。こうした場所ではヒグマとの遭遇率がグンと高くなるので、極力近寄らないようにしたい。

また、ヒグマがよく出没する場所や時期などについては、地元の役場や営林署、山小屋などに問い合わせれば教えてくれる。フィールドに出掛ける前には、これらの機関に問い合わせてヒグマ情報を収集しておくといい。

ほとんどのヒグマは人間を恐れていて、自ら好んで人間を襲ったりはしない。もし人間が近くにいることがわかれば、たいていはヒグマのほうから逃げていく。ヒグマにこちらの存在をいち早く気づかせて、ヒグマのほうから人間を避けるように仕向けるには、物音や声によって人間がいることを知らせるのがいちばんだ。音は自然界にない異質な音が有効だとされている。携帯ラジオをつけて歩く、ザックにクマ避けの鈴をつける、仲間としゃべりながら歩くなどして音を出していれば、ヒグマと遭遇する危険は格段に低くなる。

ていることが多いので、避けたほうが無難だ。

また、テント内に食料を保管したり、テント内で調理や食事をしたりするのは厳禁。就寝用のテント、調理・食事場所、食料の保管場所はそれぞれ100m前後の距離をとって三角形状に配置すること。ただし、なんの対策もとらずに食料をテントから離れた場所に放置するだけでは、ヒグマを餌付けすることになってしまう。食料や生ゴミを管理するときは、高い木に吊り下げておくか、クマ対策用のフードコンテナを利用する。これは特殊強化プラスチック製の携帯用食料入れで、ヒグマが叩こうが咬もうが、コンテナを破壊することはできない。

知床連山の三ツ峰キャンプ場、二ツ池キャンプ場、硫黄山第一火口キャンプ場、羅臼平キャンプ場にはヒグマ対策のためのステンレス製の食料保管庫が設置されているので、これを使用する。

ただし、沢沿いなどでは水音で物音や声がかき消されてしまうので要注意。いちだんと大きな音を立てて通過するようにしよう。また、ヒグマの聴覚や嗅覚は人間よりもはるかに優れているが、強風時に風上に向かうときなどは人間の物音やにおいがヒグマに届かないことも起こりうるので、やはりできるだけ大きな音を立てて行動することだ。

と同時に、行動中には人間側も周囲の状況に細心の注意を払いたい。土や残雪の上に残されたヒグマの足跡や糞、木の幹に刻まれた爪痕、樹上で木の実を食べたときの痕跡「クマ棚」を発見したら、早々にその場を離れよう。エゾジカの死体があるときや腐敗臭がするときにも、近くにヒグマが潜んでいる可能性がある。

薮の中などで「バキバキ」「ボキボキ」などという音がしたら、それはヒグマがその近くを歩き回っている音かもしれない。音がした場所が距離的に離れているのなら、穏やかな声を出したり手を叩いたりしながら速やかに通り過ぎるが、近い場合は引き返すなどして早急にその場から遠ざかろう。山道の曲がり角を曲がるときなども、いきなり飛び出したりせずに前方の様子を見ながら慎重に進むようにする。見通しが悪くなるガス発生時や強い降雨のときも要注意だ。

左前足　　　　　　右前足

左後足　　　　　　右後足

ぬかるみや残雪の上などに上図のようなヒグマの足跡を見つけたら、その場に長居は無用。早々に立ち去ろう。

←前足の爪痕

←後足の爪痕

立木に爪痕が残っているのは、ヒグマがこのあたりの木の実を食べにきているというサイン。爪痕を見つけたら、あたりの様子に注意しながら、なるべく早くその場を離れよう。

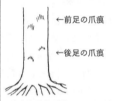

Column

観察員からの一言

　近年、問題になっているのがヒグマへの「エサやり」。一度、人間の食べ物の味を覚えたヒグマは、家屋や車の中に侵入して食べ物を奪おうとする。絶対にヒグマにエサを与えてはならない。

ツキノワグマ

P P3
C P252

**山中での出会い頭の遭遇に要注意。
木の実が不作の年には
人里や市街地にも出没**

被害実例 岡山県英田郡東粟倉村で51歳の男性が夫婦で後山を登山中に、林道終点付近でツキノワグマに襲われ、頭や顔や首筋を爪で引っ掻かれて負傷。ドクターヘリで倉敷市の病院に収容された。男性を襲ったクマは2頭の子連れで、事故当時は親子が林道を挟んで別れていたらしく（通常、クマの親子は若干の距離をおいて行動する）、そこへ通りかかった男性がたまたま親子の間に割って入るような形になってしまったようだ。

　青森県弘前市では、アケビ採りをしていた68歳の男性が、ブナの木から下りてきたツキノワグマの母子とバッタリ遭遇。母グマが襲いかかってきたときに後方に倒れ込み、巴投げのような形でクマを投げ飛ばした。クマはさらに攻撃してこようとしたが、男性が鎌を振り回して大声を上げると逃げていった。

被害状況	前肢の鋭い爪による打撃および咬傷。
予防法	春～秋の朝夕に被害が多発。ヒグマの項に同じ。

● 分布／本州、四国。九州では絶滅、四国でもわずかに数頭が生息するのみとなっている。

● 生息環境／山地の森林

● 特徴／体長1.1～1.5m。最大で1.9m。黒い体毛をしていて、胸の部分に三日月状の白斑がある（まれにない個体もいる）。

● 生態／草木や木の実、アリ、ハチ、魚などを食す。木登りも得意で、樹上にいるものを見かけることもよくある。樹木の洞や岩穴などに入って冬眠し、この間に1、2頭の子グマを生む。性格はヒグマに比べると穏やかだ。

● まめ知識／近年は毎年のように、人間の生活圏へのツキノワグマの出没がニュースとなり、看過できない問題となっている。その要因としては、クマの食料となる堅果類（ブナ、ミズナラ、コナラなど）の不作、クマと人間との緩衝地帯となっていた里山の過疎化・荒廃、人間を恐れない"新世代のクマ"出現などが挙げられている。

ニホンザル

P3
P254

**人馴れしたサルが
エサを奪おうとして人間を襲撃。
サルの群れには近づかないこと**

被害実例 ある夏の南伊豆波勝崎で、25歳の女性が友人とふたり、買物袋に入ったお菓子とお茶を持って海に続く道路を歩いていたところ、周囲の林の中から4、5匹のニホンザルが現れ、あっという間に買物袋をひったくられてしまった。女性はせめてお茶だけでも取り返そうとしたのだが、サルたちは立ち上がって凄い形相で飛びかかろうとしてきたため、結局なにもできず、すごすごと海に向かったのだった。

被害状況 爪による裂傷および鋭い犬歯による咬傷。

予防法 被害が起きやすいのは通年の朝～夕方。山中などでサルの群れに遭遇し、「キャッ、キャッ」「ホーホー」といった警告の鳴き声を耳にしたら、それ以上は不用意に近づかず、サルのほうから逃げていくまで、しばらくその場で待とう。

観光地などで人馴れたサルが近づいてきたときは、絶対にエサを与えないこと。サルの目をじっと見つめるのは、怒りを触発させることになるので絶対にしてはならない。

● 分布／本州、四国、九州。分布の北限は青森県下北半島
● 生息環境／主に山林
● 特徴／雄は体長55～60cm、雌は雄よりもひとまわり小さい。茶褐色の毛で覆われていて、顔と臀部は赤みを帯びた皮膚が露出している。
● 生態／20～100頭ぐらいから成る群れをつくって生活する。群れは年間を通じて3～15km²の遊動域内で過ごすが、季節に応じて遊動域内の採食地や泊まり場を移動している。木の芽や種子、果実、樹皮、昆虫、クモ、カニ、鳥の卵、貝などをエサとし、午前と午後の2回、集中的に採食。夜は木の上で眠る。交尾期は秋から冬にかけてで、だいたい夏に出産をする。

仲間

ニホンザルには、その亜種であるホンドザルとヤクシマザルの2種類がいる。ヤクシマザルは鹿児島県の屋久島のみに生息。それ以外の本州、四国、九州に分布するニホンザルがホンドザルである。

ニホンイノシシ

P P3
⊕ P254

**危険を察知すると長い牙で攻撃。
近年は人里や市街地にも
出没し、人間を襲うことも**

被害実例
六甲山麓の神戸市内の住宅街で、55歳の女性がいきなりうしろから現れたイノシシに尻を咬まれ、軽傷を負った。近くの駐車場に車を停め、約100m離れた自宅に帰る途中の出来事だった。女性を襲ったと見られるイノシシは体長1mほどの雌で、約1時間後に捕獲された。

神戸市では、男子高校生が両足を咬まれる、53歳の女性がやはり尻を咬まれるなどの被害が多発している。後者のケースでは、女性が持っていた食料品入りのナイロン袋に向かってイノシシが突進してきたという。

被害状況
鋭い牙による刺傷および咬傷。突進してきて牙ですくい上げるように攻撃してくるので、大腿部などに重傷を負いやすい。

予防法
被害は通年の夕方～夜、夜明け前～朝に多発。

野山を歩くときにはザックなどに鈴をつける、あるいはラジオを流しながら歩くなど、こちらの存在をいち早くイノシシに気づかせて、向こうから逃げていくように仕向けよう。

●分布／本州以南。東北・北陸地方の積雪地帯には生息しないとされていたが、温暖化などの影響で近年は生息域を広げている。

●生息環境／森林や雑木林

●特徴／体長1.2m、体重約110kg。前方に突き出た長い鼻を持つ。嗅覚は人間の3000倍といわれている。雄はとくに犬歯が発達し、危険を感じると下顎から上に突き出た長い牙で攻撃してくる。子供は体に縞模様があり、「ウリボウ」と呼ばれている。

●生態／雄は単独で行動、雌は子供とともに生活する。植物を中心にした雑食性で、地面を掘って地下茎を食べることも多い。体に着いた寄生虫をとるため、「ヌタバ」と呼ばれるぬかるみで泥浴びをする習性がある。

仲間

リュウキュウイノシシ

ニホンイノシシよりもやや小型で、体長は1m。奄美大島、徳之島、沖縄本島、石垣島、西表島に分布。

ホンドギツネ

**各地で家畜や農作物への
被害が続出。
人間やペットへの感染症の危険も**

情報　人的被害は報告されていないが、東京都国立市では、野生のキツネが神社で放し飼いにされているニワトリを襲撃する被害が相次いだ。近隣の畑にはキツネの巣穴と思われる穴が数箇所発見され、穴の中にはニワトリの羽などが残っていた。農作物の食い荒らしや史跡での営巣などの被害は各地で報告されている。

被害状況　鋭い牙や爪による咬傷や裂傷など。また、エキノコックス症や狂犬病の媒介者となる可能性もある。

予防法　キツネが人間を攻撃することはまずないが、野生のキツネに直接触れたり、餌付けたりしてはならない。また、キツネが出没するエリアで野外活動を行なったあとは、手をよく洗うこと。エリア内で沢水を飲んだり、自生している山菜や果実などを生食したりするのも厳禁だ。

　近年は市街地へのキツネの出没も報告されているので、生ゴミは適正に処理するなどして、キツネを餌付かせないようにするのも大事である。

● 分布／本州、四国、九州

● 生息環境／草原、田園地帯、河川敷、雑木林など

● 特徴／体長50〜75cm、尾長25〜40cm、体重4〜7kg。体色は赤褐色で、頬から腹部にかけてと尾の先は白い。顔つきは頬がこけたような印象を受け、体つきは痩せてしなやか。

● 生態／北半球に広く生息するアカギツネの日本産亜種。夜行性で、ノウサギやネズミ類から鳥類、爬虫類、昆虫類、果実、穀物などを食す。12〜2月ごろ交尾をし、春に出産。草原や雑木林、河川敷などにトンネル状の巣穴を掘って繁殖する。

仲間

キタキツネ

　体長60〜80cm、尾長40〜45cm。ホンドギツネよりもやや大きい。北海道の高山帯から平野部にまで幅広く生息。エキノコックス症を引き起こす寄生虫、多包条虫を媒介する。

→P246参照

野犬

捨て犬が野生化。
集団で人や家畜などを襲う。
海外で狂犬病に感染し、発症するケースも

被害実例 鳥取市の下味野地区では、1990年代から野犬が増え出し、自転車に乗っていた小学校6年生の男児がうしろから襲われたり、飼い犬が10匹ほどの野犬の群れに襲われて咬み殺されたりするなど、さまざまな被害が続出。地元の女性が2匹の野犬に突然襲われ、手や足を咬まれて軽傷を負うという事故も起きた。

また、沖縄県の石垣島でも、乳牛が野犬に襲われて咬み殺される被害が続いている。野犬は4頭ほどのグループで行動し、集団で牛を襲っていると見られている。

被害状況 鋭い犬歯による咬傷。狂犬病ウイルスを媒介する。発病すると中枢神経が侵され、数日間で死亡してしまう。致死率は100％。

予防法 被害は通年見られ、朝〜夕方に起きやすい。なるべく野犬が出没するエリアには近づかないようにし、どうしても出向かなければならない場合はひとり歩きを避け、何人かで行動するか車を利用する。

● 分布／日本全国
● 生息環境／都市近郊の山中や森の中、公園など
● 特徴／捨てられたペットなどが野生化するので、大きさや体型、体色はさまざま。
● 生態／群れをつくって行動することが多く、集団で襲いかかってくることもある。
● まめ知識／野犬の対策窓口となるのは、地元の保健所や市役所、町村役場など。野犬の保護収容や捕獲箱の貸し出しなどを実施しているところもある。

Column

現代医療事情

狂犬病の発病率は5〜50％とまちまち。発病すれば間違いなく死亡する恐ろしい病気なので、万一、野犬に咬まれたときには必ず狂犬病の検査を受けること。1970年以降、国内での狂犬病の発病は報告されていなかったが、2006年11月、36年ぶりに発症して60代の男性2人が相次いで命を落としている。いずれもフィリピンで犬に咬まれて感染、帰国後に発病したというケースだった。

●●● ニホンマムシ

P P4
C P254

侮れないマムシの毒。
場合によっては全身症状を引き起こし、
死に至ることも

被害実例 67歳の男性が畑仕事中にマムシを見つけ、これを捕まえようとしたところ、左手の親指を咬まれた。男性はすぐに近くの病院へ行って傷口を切開し、血液とともに毒液を出すなどの治療を受けたのち、経過観察のため入院した。この時点で、咬傷部の周辺は内出血し、一部が壊死。腫れは肘関節を越えて皮膚は暗赤色に変色していた。翌日になると腫れはさらに左肩から前胸部にまで広がり、疼痛も増強。嘔吐や全身倦怠感などの症状も加わった。夜には尿がほとんど出なくなり、入院3日目、透析などの治療の甲斐なく、急性腎不全で死亡した。

マムシによる咬傷被害は、草刈りや農作業中、山菜・キノコ採りのとき、登山中などに多発しており、被害者数は年間約3000人ともいわれている。うち、死亡するケースは平均して10人前後。死亡率は低いが、このケースのように運が悪ければ命を落としてしまうこともある。

症状 毒の主成分は出血毒で、咬まれると、ひどくしみるような痛み

●分布／琉球列島以外の日本全国
●生息環境／草地や草むら、田畑、山地などに生息
●特徴／太くて短い小型のヘビで、体長40〜60cm。体には褐色の銭形斑紋が左右非対称に並んでいる。体色は茶系、赤系、黒系など変異が大きい。瞳孔は猫のような縦型。目と鼻の間にはピットと呼ばれる穴があり、この器官で温血動物の体温を感知することができる。
●生態／亜高山帯から海辺まで、どこにでも見られる。動作は鈍いが、攻撃するときには音もなく飛びかかってくる。毒牙は、上顎のいちばん前、左右1本ずつある。性格はおとなしく、積極的に攻撃してくることはまずない。

Column

現代医療事情

マムシに咬まれたときには、マムシ毒に対する治療のほか、不潔な歯牙による感染や破傷風を予防するための治療も受ける必要がある。受傷部の消毒は

と、皮下出血を伴うかなりの腫れを生ずる。腫れは徐々に広がり、吐き気、発熱、頭痛、めまい、視力障害などの全身症状を起こすこともある。ただし、マムシの毒はハブよりも強いと言われているが、注入量はずっと少なく、死亡事例は非常に少ない。

予防法　被害が起こりやすいのは、春〜秋の24時間。夜行性だが、雨や曇りの日には昼間でも行動する。最も事故が多いのは、7〜8月の昼間。また、冬眠前には日中に陽に当たりに出てくることもあり、このときに被害に遭いやすい。

　保護色をしているため、野山では気づきにくい。とくにヘビの出そうな草むらや藪の中などを歩くときには、長靴を履くなどのヘビ対策が必要だ。また、大きな岩の間や倒木の陰に潜んでいることも多いので、これらの中にむやみに手を突っ込んだりしてはならない。見つけたときには50cm以内には近づかず、フリージング（動作を止めて、凍りついたように動かなくなること）をして放っておくこと。間もなくマムシのほうから逃げていくはずである。ただ、ヘビ類は近眼のため、逃げようとして結果的にこちらへ向かってきてしまうことがある。そんなときには、慌てずに充分な距離をとりながら道をゆずろう。わざわざ捕まえようとしたり、木の枝などで追い回したりするのは非常に危険である。

当然として、破傷風抗毒素の投与も行なわれる。

仲間

ツシママムシ

　全長40〜60cm。対馬のみに生息。ニホンマムシにそっくりだが、背面の楕円形の斑紋の中心の暗色斑がないのが特徴。夜行性で、カエルやネズミなどを捕食する。ニホンマムシよりも神経質で攻撃的。同様の出血毒を持っている。

⇒P4参照

Column

観察員からの一言 ❶

　数人で山を歩いているとき、毒ヘビは前から3番目を歩いている人を咬むという説がある。というのも、ヘビは極度の近眼なので、1番目の人が通過するときに気づき、2番の人のときに襲いかかろうとして、結果的に3番目の人が咬まれるというワケ。しかし、これはまったくのデタラメ。咬まれるか咬まれないか、あるいはグループで歩いているときに何番目の人が咬まれるかは、そのときの状況次第である。

●●● ヤマカガシ

P P4
C P254

**かつては無毒とされていたが、
実は猛毒のヘビ。
口内奥の有毒牙で咬まれると大変危険**

被害実例 自宅近くでヘビに咬まれた5歳男児。咬傷部からの出血はなかなか止まらず、翌日になると鼻血も出てきて、咬傷部の周囲は腫れて出血斑が現れた。このためマムシによる咬傷が疑われ、病院にてマムシ抗毒素血清が投与されたが、だらだらとした出血はそれでも止まらなかった。そこで今度は日本蛇族学術研究所からヤマカガシ抗毒素血清を取り寄せて投与したところ、6時間後にようやく出血が止まった。その後は容体も安定し、14日間の入院治療ののちに退院した。

長崎県大村市では、30代の男性が捕まえて自宅に持ち帰ったヤマカガシに右手の小指を咬まれた。すぐに病院で診察を受けたが、猛烈な頭痛や吐き気に襲われて重症化。やはり日本蛇族学術研究所のアドバイスを受けて化学及血清療法研究所から血清を取り寄せ、一命を取り留めた。血清がすぐに入手できなければ命を落としているところだった。男性は「ヤマカガシは咬まないという思い込みがあり、子供のころからよく捕まえていた」と話し

●分布／本州、四国、九州、大隅諸島

●生息環境／水田や河川の周辺、沢筋、高層湿原などの湿った場所

●特徴／全長1m前後。まれに1.4mほどになる。全体的に黒褐色をしていて、体側面には黒斑が並んでいる。若い個体は体の前半部に赤斑が混じり、また首筋は黄色くなっている。ただし体色は個体によってかなり差があり、中には無毒蛇のアオダイショウに似たものもいる。

●生態／山麓や平野などの水辺で最もよく見られるヘビ。活動期は春先から initlateまでで、昼行性。冬は土中で冬眠する。カエルやサンショウウオなどを主食とする。

Column

観察員からの一言

かつては無毒ヘビとされていて、子供のころにイタズラした経験のある大人は多い。ヤマカガシは上顎のいちばん奥に長い牙を持つ後牙類のヘビで、この牙で皮

ていたという。

　なお、1972年と84年にはヤマカガシを捕まえようとして咬まれた中学生が死亡するという事故が起きている。

症状　最初のうちは軽い腫れと疼痛程度だが、毒は血液の凝固を妨げ、全身的な皮下出血や脳内出血、腎不全などを引き起こす。数時間後～2日以内に歯ぐきや鼻や眼底からの出血、吐血、血尿、血便、皮下出血などが起こり、頭痛、発熱、四肢の激しい痛み、嘔吐、視力障害が伴う。病院で適切な治療を受ければ、通常1カ月ほどで全快するが、脳内出血などによる死亡例もある。

　なお、ヤマカガシの首筋の黄色い部分のうしろ（背中線上）には2列の毒腺があり、不注意に首をつまんだりすると、アイスクリームが溶けたような淡黄色の毒液をピュッと飛ばしてくる。毒液は大きい個体ほどよく飛び、これが目に入ると強度の炎症と激痛をもたらす。

予防法　咬傷被害が多いのは、春先～初冬の早朝～夕方。予防法についてはニホンマムシの項と同じ。おとなしいヘビなので、人間のほうから手を出さないかぎり、ヘビのほうから攻撃してくることはまずない。

膚に傷をつけ、傷口から毒液を染み込ませていく。前歯で咬まれる程度なら安全だが、指などを深く飲み込まれて奥歯で咬まれるとたいへん危険。こうした状況は、子供がヘビにイタズラをしているときに起こりやすいので、野外での活動時には大人がよく注意すること。

●毒牙のある位置

←有毒牙

マムシ・ハブ

←有毒牙

ヤマカガシ

無毒

アオダイショウ

　ヤマカガシのような後牙類のヘビに咬まれたときには、小さな歯型の最後方に2つの大きな牙の跡が受傷部に残っている。これに対し、口内の最前部に毒牙を持つマムシやハブなどの前牙類のヘビに咬まれると、歯型のいちばん先に2つの大きな牙の跡がつく。また、無毒のヘビは2つの大きな牙の跡がなく、小さな歯型が一様に並ぶ。ただし、実際には歯型から有毒ヘビと無毒ヘビを区別するのは難しいことが多い。

🅟 P5
🅞 P254

ハブ

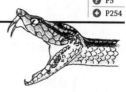

**強力なハブ毒を持つ
国内最強の毒ヘビ。
野外での活動時には細心の注意を**

被害実例 沖縄県糸満市で、48歳の女性がノイチゴを引き抜こうとして人差し指をサキシマハブに咬まれた。その直後から激痛を覚え、もう一方の手で強く押さえて痛みに耐えた。救急車で病院に運ばれたのは、咬まれてから40、50分後。そのころにはもう右手が赤紫色に腫れ上がっていた。急遽、血清が2本打たれたのち、ハブ毒を出すために人差し指の横側と手の甲2箇所が切開された。麻酔はなしだったが、ハブに咬まれた痛みが強く、切開の痛みは感じなかった。

その後、血清に対するアレルギー反応により、発熱と全身に発疹が見られた。医者からは「もし今度ハブに咬まれたとしても、もう血清は打てません。打てば危険な状態に陥る可能性があります」といわれた。

2週間の入院中、切開した箇所は縫うことができないまま、洗浄とリハビリが行なわれた。そのときの痛みがとても辛かったと女性はいう。退院前には、壊死した指先を削り取る手術が行なわれた。指先が痺れるような感覚は、4年ほどが経っても後遺症として残った。

●分布／奄美諸島、沖縄諸島
●生息環境／森林や草むら、畑など、木や草のあるところならどこにでもいる
●特徴／全長40cm～2m。大きな三角形の頭部と細い首が特徴。体色は黄褐色で、大きな黒褐色の斑紋が不規則に並んでいる。ただし体色や斑紋には個体差や地域差がある。
●生態／昼間は森の茂みや草むら、石垣や洞などの穴、ソテツの下、サトウキビ畑などに潜んでいて、夜になると積極的に活動。ネズミを主なエサとするので、人家の近くにも多い。夜には木の上など高い所に上るものもいて、ときに頭上から襲いかかってくることもある。性格はハブの仲間の中でもいちばん攻撃的。気づかずにすぐそばを通りかかると咬みついてくる。毒牙は上顎に2本あり、攻撃時には口を大きく開けて牙を立て、目にも止まらぬ早さで体を伸ばしてくる。攻撃範囲は全長のほぼ半分。1m80cmのハブがいたとしたら、その周囲約90cmが攻撃範囲になる。なお、ハブも含め沖縄のヘビ

| 症状 | ハブの毒は神経毒を含んだ出血毒。咬まれると2箇所（4、3、1箇所のときも）の牙の痕から出血し、耐えがたい痛みがある。受傷部は炎症を起こして次第に腫れてくる。腫れはかなりひどくなり、患部は内出血により暗紫色になる。また、ハブの毒にはタンパク質を分解する酵素が含まれているため、咬まれた箇所はドロドロに溶けて筋肉組織が壊死してしまい、患部に後遺症が残ることもある。

近年の咬傷被害は年間100人前後で、治療方法も発達し、死亡者は出ていない。

| 予防法 | 被害は通年、24時間。基本的な予防法はニホンマムシの項と同じだが、ハブは攻撃性が強く、また保護色をしていて極めて見つけにくい。森の中や草むらを歩くときには長靴やブーツなどを着用し、細心の注意を払って行動しよう。木の洞や石垣の間などにはむやみに手を突っ込まないこと。また、木の上への注意も怠りなく。活動が活発になる夜間は、なるべくならフィールドでの行動は控え、やむをえないときは懐中電灯（できるだけ明るいもの）を携行する。野外での排便時にお尻を咬まれるというケースもあるので要注意。万一に備えて、血清のある病院や診療所の場所と電話番号は事前に控えておきたい。

は冬眠しないので、ハブによる被害は冬でも出ている。

仲間

ヒメハブ
→P5参照

サキシマハブ
→P5参照

タイワンハブ
→P5参照

トカラハブ
→P5参照

Column

現代医療事情

被害実例にもあるように、ハブの咬傷治療のため血清（ウマから作られている）を打つことにより、アナフィラキシーショックなどの血清病が起こることがある。血清を繰り返し用いると、血清病の発生頻度が高まり症状も重くなる。このため、同一人物が何度もハブに咬まれるのは大変危険。副作用の危険が極めて少ない血清の研究開発が現在、関係機関で進められている。

ヒャン

● P6
● P254

**咬傷事例のない希少ヘビ。
極めておとなしい性格だが、
余計な手出しは無用**

● 分布／奄美大島、加計路麻島、与路島、請島

● 生息環境／山地や森林などの比較的湿った場所を好む

● 特徴／最長50cm。オレンジ色の美しいヘビ。背中に幅広の横縞が何本かあり、背面中央には黒っぽい縦縞も入る。

● 生態／夜行性とされているが、昼間に観察されることもある。小さなトカゲ類やメクラヘビなどを食べる。開発などの自然破壊により、生息数の減少が報告されている。

| 症状 | 実害がないため、なにも明らかにされていない。病院での治療は対症療法になるもよう。 |

| 予防法 | 通年、24時間見られる。神経毒を有するコブラ科の毒ヘビ。毒性は強いという説と、微量で弱いという説がある。いずれにしても、性格は臆病でおとなしく、口も小さいので、咬まれることはまずない。外敵に襲われると、尖った尾を押しつけてくるが、尾に毒はない。とりあえず毒ヘビとされているので、いたずらに手を出したりしないほうが無難。山地などで偶然見かけても、そのままやり過ごそう。 |

仲間

ハイ

ヒャン同様、森林などの湿った場所を好む。久米島には別亜種「クメジマハイ」が生息する。→P6参照

写真／沖縄県衛生環境研究所

イワサキワモンベニヘビ

個体数は非常に少なく、確認されるのは数年に1度という。生態や毒性についてはほとんど知られていない。→P6参照

ガラスヒバァ

**気性は荒いが、咬傷例の報告はほとんどなし。
症状や治療法は不明なので、
用心するに越したことはない。**

写真／星野一三雄

被害実例 1978年8月、沖縄県国頭村での一例のみ。

症状 症例がほとんどないので、詳しい症状は不明。治療法についても、なにもわかっていない。万一、咬まれたときの治療は対症療法になるようだが、危険性は低いものと見られている。

予防法 通年、24時間見られる。攻撃的な性格で、捕まえたりするとすぐに咬みついてくる。ただし、口が小さく、明らかな構造の毒牙もない。指などを深く咬まれないかぎり、毒を注入される心配はほとんどないと見られる。毒もハブなどに比べると弱いとされている。しかし、毒ヘビとされている以上、用心するに越したことはない。いたずらに手を出したりしないように。

● 分布／奄美諸島および沖縄諸島のほとんどの島
● 生息環境／カエルを主なエサとするため田んぼや河原などの水辺に生息。ときに住居の庭の池の周辺にいたりすることもある。
● 特徴／最長110cm。黒い地に白い横縞と斑点がある。
● 生態／夜行性で、水辺で目撃されることが多い。ほかのヘビと比べ、動きが素早いのが特徴。繁殖期は5月下旬〜8月。

仲間

ミヤコヒバァ

全長60cm。宮古島とその周辺の島々に生息。ガラスヒバァによく似ているが、明色斑紋が目立たず、首にもYまたはV字型の斑紋がない。個体数は少なく、環境省の絶滅危惧II類に指定されている。毒性は不明。個体数が少なく、生態はほとんどわかっていない。

ヤエヤマヒバァ

全長80cm。石垣島、西表島に生息。茶褐色の体に白っぽい横縞が並ぶ。やはりカエルを主食とし、水辺で多く見られる。卵ではなく子ヘビを生む。おとなしい性格で、毒性についてはよくわかっていない。

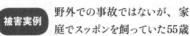

スッポン

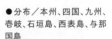

⑰ P6

⊕ P257

**鋭い歯と爪を持ち、
長い首が素早く伸びる。
咬みついたら離さない危険なカメ**

被害実例
　野外での事故ではないが、家庭でスッポンを飼っていた55歳男性は、カビが着き出した甲羅を洗っていたとき、人差し指の先っぽの皮膚の一部を一瞬のうちにかじり取られてしまった。注意深く扱っていたのだが、首を伸ばす速さとかじりつく速さは予想外で、避けることができなかった。目の前に指を見せたのがいけなかったようだ。出血はしたが、二次感染の予防に消毒液を患部にかけ、包帯をしておいたら、数日で痛みは取れた。しかし、患部には何年経っても傷痕が残っているという。

症状
　カミソリのように鋭い歯による咬傷。または鋭い爪による創傷。指を咬み切られてしまうこともある。

予防法
　被害が起きやすいのは春～初冬の24時間。手を出さないかぎり、咬まれることはない。捕獲するときは網を使用する。咬みつく動作は意外に素早く、しかも首がかなり伸びるので、手で持たなければならない場合は口や爪が届かない箇所を持つようにする。

● 分布／本州、四国、九州、壱岐、石垣島、西表島、与那国島
● 生息環境／底が砂泥質の沼や河川に生息
● 特徴／体長約30cm。灰褐色の甲羅は楕円形で、ほかのカメとは違って軟らかいのが特徴。首は長く、鼻がとんがっていて、ときどき水面から鼻先を出して呼吸する。手足は水かきがよく発達している。
● 生態／産卵期以外はほとんど水中で生活しており、昼は砂泥の中に潜っている。魚やエビ、水生昆虫などを捕食する。
● まめ知識／スッポンはサルモネラ菌を媒介し、近年はスッポン料理店での食中毒事故が散見される。

仲間

カミツキガメ

　体長50cm。アメリカ原産のカメだが、ペットとして輸入された個体が捨てられて帰化、各地で繁殖が確認されている。性格は凶暴で、すぐに咬みつこうとする。指を咬み切られてしまう危険あり。　→P6参照

アカハライモリ

P P7
C P258

**フグ毒と同じテトロドトキシンを分泌。
体液のついた手で
粘膜に触れると炎症を起こす**

被害実例　55歳男性は家庭の水槽にアカハライモリのカップルも飼っていて、手のひらに乗せては顔や体などを観察することがよくあるが、これまでに炎症を起こしたりするような害を受けたことは一度もない。ただし、触ったあとは、必ず石鹸で手を洗うようにしているそうだ。

一度、触った手で不注意にも唇のあたりに触れてしまったことがあったが、違和感らしい感触があるかないかですんだのだった。

症状　素手で触ったぐらいではなにも害はない。ただし、その手で目や口などに触れると激しい痛みを感じる。

予防法　被害に遭う可能性は通年、24時間。なるべく素手で触らないようにする。触った場合はすぐに水でよく手を洗うこと。洗わないまま、目や口などの粘膜に触れてはならない。

なお、イモリ類は滋養強壮のため「イモリの黒焼き」などとして食用にされることもある。これまでに中毒の報告はされていないようだが、食べないほうが無難だろう。

●分布／本州、四国、九州、大隅諸島
●生息環境／池、水田、沼、沢、小川などに生息する
●特徴／全長10cm前後。「ニホンイモリ」とも呼ばれる。背面は黒褐色、腹面は赤またはオレンジ色で、不規則な黒斑紋が点在する。この鮮やかな色彩は警戒色と考えられている。
●生態／耳腺や皮膚腺からフグ毒と同じテトロドトキシンを分泌する。愛好家からは飼育の対象とされ、ペットショップなどでも売られている。

仲間

シリケンイモリ

→P7参照

イボイモリ

全長20cm。体色は黒褐色。奄美大島、徳之島、沖縄本島、渡嘉敷島に分布。山地の湿った林の中に生息する。ゴツゴツした体つきは、肋骨が背中の中央部と体の両側に張り出しているため。絶滅危惧II類に指定され、「生きた化石」と呼ばれている。

ニホンヒキガエル

P7
P258

危険を感じると目のうしろの耳腺と
体表から毒液を分泌。
素手で触らないように注意

被害実例 沖縄県鳩間島に赴任してきていた小学校の教員が、「島にはカエルがいないので、子供たちにカエルを見せてあげたい」と、47匹のオオヒキガエルを石垣島から持ち込んだ。

ところがこのオオヒキガエル、動くものならなんでも口にしてしまう悪食のうえ、耳のうしろの耳腺から白い毒液を出すため、捕食する天敵が皆無。その毒の威力といったら、ときにはカエルを食べた犬が死んでしまうほどで、わずか数年のうちに小さな島にオオヒキガエルが大繁殖してしまった。そこで島民が撲滅運動に乗り出し、数年かかってようやく根絶させたのだった。

症状 手に毒液がつくぶんにはなんともないが、その手で目や口をこすると炎症を起こしてしまう。とくに目に入ると激しい痛みがある。

予防法 春〜秋の夕方〜朝によく見られる。手で捕まえようとしないこと。捕んだときにはよく手を洗おう。

●分布／本州の近畿以西、四国、九州
●生息環境／平地から山地までの湿った場所、森林や田畑、池、沼地、人家の庭など
●特徴／体長8〜15cm。茶褐色のずんぐりした体形で、背面にイボ状の突起が多数ある。
●生態／別名「ガマガエル」。動作は鈍く、跳躍力もほとんどない。目のうしろに耳腺と呼ばれる長楕円形のコブが発達している。危険が迫ると、この耳腺と体表の分泌腺から乳白色の毒液（ブフォトキシン）を出す。このため天敵は少ない。

仲間

アズマヒキガエル

→P7参照

オオヒキガエル

体長9〜15cm前後。小笠原諸島、北・南大東島、石垣島などに分布。原産地は南米。

ナガレヒキガエル

体長7〜16cm。本州中部地方西部および近畿地方に分布。山地の渓流に生息する。

ニホンアマガエル

P P7
+ P258

**自己防衛のために体表から
分泌する毒液に要注意。
触れたあとにはよく手を洗うこと**

被害実例 35歳男性は、両生類や爬虫類などの生物を被写体に撮影を行なっているカメラマン。その日は神奈川県内のとある水田で、撮影のためのアマガエルを採集していた。採集後しばらくしてのこと、無意識的に目のあたりをかいてしまい、「しまった」と思ったときにはもう遅かった。手についていたアマガエルの体表の毒が目に入り、ピリピリと痛んで目が開けられなくなってしまったのだ。

このときはすぐに目薬を差したのだが、痛みが引いて目が明けられるようになるまでに数十分もかかったという。

症状 皮膚を覆う粘膜からは、細菌などから身を守るための微弱な毒が分泌されている。毒液が手につくぶんにはなんともないが、その手で目や口をこすると炎症を起こしてしまう。とくに目につくと激しい痛みがある。

予防法 春～秋の夕方～朝に活動。手で捕まないこと。捕んだときにはよく手を洗おう。

●分布／屋久島以北

●生息環境／田んぼや池や用水路、およびその周囲の草むらなどに生息する。

●特徴／体長約2～4cm前後。雌のほうが雄よりも大きい。背面は鮮やかな黄緑色で腹部は白い。しかも茶色のものもいて、周囲の環境に合わせて体色を巧みに変化させられる。

●生態／趾先に吸盤を持ち、よく木の葉などに吸いついてとまっている。雨が近づくとよく鳴くことから、"天気予報をするカエル"としても知られている。昆虫やクモをエサとする。

●まめ知識／アマガエルはアオガエルの仲間と混同されがちだが、アマガエルには鼻孔から鼓膜にかけて黒い筋模様がある点で区別できる。またアオガエル類は毒を分泌しない。

仲間

ハロウエルアマガエル

体長約3～4cm。喜界島、奄美大島、加計呂麻島、請島、徳之島、沖永良部島、与論島、沖縄本島に分布する南国産のアマガエル。日本産両生爬虫類を研究したハロウエルの名にちなんで命名された。

ギギ

P P8
⊕ P261

背ビレと胸ビレに毒棘を持つ淡水魚。
釣りや川遊びのときに
うっかり刺される

情報　釣り上げられたり網にかかったりしたときに、胸ビレのトゲと付け根の骨をこすり合わせて「ギーギー」という音を出すことからこの名がついた。釣り、あるいは投網で掛かったものを外そうとして刺されることが多い。川遊びのときに素手で捕まえようとして被害に遭うケースも散見される。ただし、刺されてもなんともなかったという報告もある。各地で個体数が減少していて絶滅が危惧されている。

症状　ゴンズイと同じタンパク毒を持ち、刺された瞬間、激痛を感じる。毒刺は傷口の中に残りやすく、患部は赤く腫れ上がる。疼痛は長く続き、ときに壊死を起こすこともある。

予防法　被害は通年、24時間。川遊びのときに、不用意に岩の下を素手で探ったりしないように。釣れたり網に掛かったりしたときには要注意。メゴチバサミなどで押さえて外すか、ラインを切ってしまうのが安全だ。タオルなどで押さえても、目が粗くトゲを通してしまうので効果はない。

●分布／本州中部以西、四国の吉野川水系、九州北西部の河川
●生息環境／河川の中流や湖
●特徴／全長30cm。ナマズの仲間で、8本の口ひげがある。体色は暗黄褐色または暗緑色。尾ビレの中央部が深く切れ込んでいる。
●生態／夜行性で、昼間は岩陰や水草の間に潜み、夜になると泳ぎ回って水生昆虫やエビ類を捕食する。背ビレと胸ビレに鋭い毒棘を持つ。

仲間

アカザ

全長10cm。同じくナマズの仲間で、8本の太い口ひげを持つ。体色は暗赤色色または明るい赤褐色。清流の上〜中流域に棲み、昼は石の下などに隠れ、夜間活動する。背ビレと胸ビレに鋭い毒棘を持つ。

→P8参照

ギバチ

全長25cm。細長い体形で、8本の口ひげがある。体色は黒褐色または茶褐色。尾ビレの切れ込みがほとんどないので、ギギと区別できる。背ビレと胸ビレに鋭い毒棘を持つ。

→P8参照

●○○○ ヤマビル

P P8
⊕ P257

知らぬ間に衣服の下に入り込んで吸血。
痛くも痒くもないが、
出血はなかなか止まらない

被害実例 　場所は妙義山。25歳男性がヒルに吸着されていることに気づいたのは、山を下りてからだ。右足のふくらはぎに違和感があり、ズボンをめくり上げてみると、ヒルが吸いついていた。無理にはがそうとしたらヒルが破れてしまい、靴下は血で真っ赤に。目を背けながらヒルをはがしてどうにか騒動は終結した。

症状 　吸血するときに血液の凝固を妨げる物質（ヒルジン）と痛みを感じさせない物質を出し、満腹になると自然にはがれ落ちるので、吸血されていてもほとんど気がつかず、吸血後はなかなか血が止まらない。人によっては痒みや咬み痕がしばらく残ることもある。

予防法 　活動期は5〜10月の朝〜夕方。とくに雨の多い6〜7月に活発に活動する。ヒルがいそうな場所で行動するときは、足回りや袖口、裾などをときどきチェックして、ヒルの有無を確認しよう。靴やソックス、ウェアなどに虫除けスプレーを散布しておくと予防効果がある。

● **分布／**岩手・秋田以南の本州、四国、九州、琉球列島
● **生息環境／**渓流沿いの山林、山麓や谷間の湿地、湿った草の上や樹木、雨上がりの山道など
● **特徴／**全長約2cm、伸びると5cmほどになる。背腹は扁平で細長い体をした環形動物。色は黄褐色で、背面に黒い3本の縦縞がある。
● **生態／**人間や獣類の呼気（二酸化炭素）に反応、服や靴の中に入り込み、皮膚の柔らかいところを狙って吸着、吸血する。ヒルの動きは意外に素早く、登山靴に取りついたヒルが靴下内に潜り込む時間はわずか30秒ほどだといわれている。
● **まめ知識／**ヤマビル研究会のホームページ（http://www.tele.co.jp/ui/leech/index.html）にはヒルに関する情報が満載。野外活動の前には要チェックだ。

仲間

チスイビル

→P8参照

トビズムカデ

❶ ◻ ◻

P P9
+ P257

**夜間、どこからともなく
屋内や靴の中に侵入。
鋭い毒牙を持ち、手を出すと咬まれる**

→頭部

被害実例

　23歳男性が奥武蔵の笠山～堂平山をハイキングし、帰りに都幾川の河原でテントを張ったときのこと。明け方、腕になにかがゴソゴソ這い回る感触で目を覚ました男性が見たものは、腕に這い上がっている大きなムカデだった。驚いて腕を振り回すと、ムカデは最後に腕をひと咬みしてどこかに飛んでいったが、しばらくしてシュラフをめくってみると、その下には10cmほどもあるムカデが3匹とぐろを巻いていたのだった。幸い被害は腕に直径約3cmの赤い腫れができただけですんだ。

症状

　咬まれると激痛が走り、腫れ、リンパ管炎、リンパ節炎などが生じる。重症の場合は患部に潰瘍、壊疽を起こす。また、痛みが1週間以上続いたり発熱したりすることもある。

予防法

　被害が多いのは、春～秋の夕方～朝。屋内に侵入してきたときは素手では触らず、タオルや割り箸などを使って外に排除する。キャンプ時にはテントの出入り口をしっかり閉めておく。

● 分布／本州以南
● 生息環境／落ち葉や朽木や石の下など、暗く湿った場所
● 特徴／全長15cm。頭部が赤褐色(鳶色)をしていることから名付けられた。胴部の背面は黒、腹部と歩脚は黄色。
● 生態／夜行性でしばしば家の中にも進入、就寝中に布団の中にまで入り込んでくることも珍しくない。一対の鋭い毒牙を持ち、人が触れると咬まれる。
● まめ知識／ムカデ類はその不気味な容姿と咬傷被害から嫌われ者となっているが、実はいろいろな害虫を捕食する益虫でもある。中国では漢方薬としての需要もあるそうだ。

仲間

アカズムカデ

　全長約13cm。本州～九州に分布。背面は緑褐色。頭部と歩脚は赤褐色。日本に生息するオオムカデの仲間の中で最も強い毒を持つ。→P9参照

アオズムカデ

　全長10cm。本州以南に分布。　　　　　　→P9参照

ヤケヤスデ

体から臭い体液を分泌。
目に入ると炎症を起こす。
大量発生して列車の運行を妨害することも

●分布／日本全国
●生息環境／都市部や都市近郊、森林など
●特徴／全長20mm。背面は黒褐色、腹面と脚は淡色。
●生態／森林の中の落ち葉や朽木や石の下など暗く湿った場所に生息し、住宅地や都市部で周期的に異常発生することがある。地中の腐植質を摂食し、生態系の維持に欠かせない重要な役割を果たしている。
●まめ知識／ヤスデとムカデはともに脚の数が多く、よく間違われるが、ムカデは体のひとつの環節に脚が1対（2本）あるのに対し、ヤスデは2対（4本）ある。ヤスデの仲間が属するヤスデ綱が「倍脚綱」とも呼ばれているのは、これに由来する。

被害実例 2000年7月29日の午前5時40分ごろ、新潟県のJR大糸線平岩駅近くの線路上にヤスデが大量発生した。このヤスデの大群は約300〜400mにわたって線路上を占拠。ちょうど通りかかった急行列車がこれを踏みつぶしたため、ヤスデから出た脂によって車輪が空転し、列車は立ち往生してしまった。約2時間半後、ようやくヤスデを排除して運転は再開されたが、上下線計4本の普通列車が一部運休し、約200人に影響が出た。なお、ヤスデの大量発生は全国各地で報告されている。

症状 胴の側面の臭腺から臭い体液を分泌する。手に触れたぐらいではなんともないが、目に入るとひどく痛み、炎症を起こす。また、周期的に大量発生をして問題となることがある。

予防法 活動は春〜秋の24時間。手で触らないこと。ヤスデの体液にはヨードやキノン、シアンなどが含まれており、無農薬野菜などについているものをうっかり食べたりすると危険である。

仲間

キシャヤスデ

全長40mm。背面は淡褐色または黄褐色、各背板に茶色っぽい横帯が入っている。

ヤエヤママルヤスデ

→P9参照

マダラサソリ

P10
P257

**南の島に生息する有毒サソリ。
毒性は弱く、刺されても
多少の痛みを感じる程度ですむ**

被害実例 与那国島を訪れていた36歳の男性は、日本最西端の碑の近くで生物の撮影を行なうため、石をひっくり返して生物を探していたときに、指をマダラサソリに刺されてしまった。まさか日本にサソリがいるとは思ってもなかった男性は、びっくりして「いたたた」と叫び声を上げた。間もなくして痺れが生じ、それが手首のあたりまで広がってきた。だが、痛みを感じたのは刺されたときの一瞬だけで、腫れも生じなかった。映画などではサソリ＝猛毒というイメージがあり、一時はどうなってしまうのかとヒヤヒヤしたが、数時間もすると痺れはいつの間にか消え、そのあとはなんの症状も現れなかった。

症状 刺されたときに多少の痛みを感じる程度。人によっては痺れや腫れが生じることもある。

予防法 活動は春〜秋の夕方〜朝。サソリが生息するエリアでは、靴や服を着るときにはよくチェックすること。また、屋内はこまめに掃除をして、潜んでいるものを見つけたらすぐに排除しよう。

● 分布／小笠原諸島、宮古・八重山諸島
● 生息環境／石や倒木の下、枯木の樹皮下、石垣など
● 特徴／全長40mm。飴色の地に黒褐色の斑模様がある。長い1対のハサミを持ち、鉤状の尾の先端に毒針がある。
● 生態／人家でもよく見かけ、夜間、家の中に侵入して衣類や靴の中などに潜む。毒性は微弱。刺されてもわずかな疼痛があるのみで、痛みは短時間で消える。
● まめ知識／日本に生息するサソリはこのほかヤエヤマサソリだけであるが、いずれの種にしても刺されたことによる死亡例は報告されていない。

仲間

ヤエヤマサソリ

八重山諸島の山中の朽木の樹皮下などに生息。毒性は弱い。　　→P10参照

写真／羽根田治

**肛門腺から噴射される毒液を浴びると、
ピリピリ痛んで炎症を引き起こす。
目に入ったらすぐに病院へ**

被害実例 1953年の夏、34歳の男性は、日本に復帰して間もない奄美大島へ昆虫採集に出掛けていった。そのとき、ある森の石の下で発見したのがサソリモドキ。有毒であることを知らない男性は、喜んで採集しようとしたのだが、たちまち顔に毒液を噴射されてしまった。毒液がついた箇所はヒリヒリと痛んで赤く腫れ上がり、完全に治るまで2週間もかかった。もし毒液が目に入ったら、大変危険であったことをあとで知り、男性はホッと胸をなで下ろしたのだった。

症状 毒液がかかるとヤケドをしたように皮膚がピリピリと痛んで炎症を起こす。患部には腫れや水脹れが生じ、回復までに数日〜2週間を要する。ときに色素沈着が残ることも。毒液が目に入った場合は激しい痛みがあり、角膜の白濁や結膜炎や角膜炎を引き起こす。

予防法 活動は春〜秋の夕方〜朝。見つけても手出しをしないこと。

●分布／本州、四国、九州、沖縄
●生息環境／山地の倒木や石の下など
●特徴／全長80mm。背面は黒褐色、腹面は赤黒い。外見はサソリに似ているが、尾は節がなく鞭状で、鉤状の毒針もないので容易に区別できる。
●生態／夜行性で夜になると活動し、昆虫などを捕らえて食べる。身に危険が迫ると、酢酸を主成分とする毒液を尾の付け根の肛門腺から噴射する。
●まめ知識／国内ではもともと九州南部から奄美諸島にかけて生息していたが、南方植物の鉢植えなどに潜んでいたものが流通によって各地に運ばれ、本州や四国、八丈島、伊豆大島、沖縄などにも分布・繁殖するようになった。

仲間

タイワンサソリモドキ

沖縄・宮古・八重山諸島に分布。酢酸が主体の毒液を吹きかける。 →P10参照

写真／川上紳一

カバキコマチグモ

Ⓟ P11
Ⓒ P257

**日本で最も被害の多い毒グモ。
咬まれるとまれに
死亡してしまうこともある**

被害実例
本書旧版の監修者のひとり、梅谷献二氏は、『毒虫の話』（1969　北隆館）の中で「日本のクモ類の中には人に危害を加える種類はない」と書いた。ところが刊行後に「クモに咬まれたことがある」という読者の投書が数多く寄せられてきた。本種は触らないかぎり攻撃されることはないので、あえて梅谷氏は「危害を加える種類はない」と書いたのだが、その被害例が思ったよりも多いことに驚いたという。

症状
咬まれると鋭い灼熱痛があり、咬傷部は2個の小出血点となって、発赤や腫脹が生じる。水疱や潰瘍ができることもあり、重症の場合は、発熱、頭痛、嘔吐、ショック症状なども併発する。通常は2、3日で治るが、痛みや痺れが2週間ほど続くこともある。

予防法
被害は5～8月の朝～夕方。ススキの葉でつくられた巣を面白半分に開いたりしないこと。草刈り時には長袖シャツに長ズボン、軍手などを着用する。

●分布／北海道～九州
●生息環境／平地から山地にかけてのススキ原に多く生息
●特徴／雄10～13mm、雌12～15mm。体色は黄褐色、頭胸部は橙色、大きな牙は先端が黒い。
●生態／毒を持ち、咬まれることによって局所症状が現れる。雌はイネ科の植物の葉をちまきのように巻いて巣をつくり、その中で産卵する。孵化した子グモは1回目の脱皮後、母グモを食べてしまう。
●まめ知識／国内のクモによる被害が最も多いのがこの種。咬まれたときの症状の出方は個人差が大きく、短時間で治ってしまう人もいれば、まれに死亡してしまう人もいる。

仲間

アシナガコマチグモ

本州～九州に分布。カバキコマチグモに次いで刺咬被害例があるが、毒性は劣る。
→P11参照

ヤマトコマチグモ

→P11参照

セアカゴケグモ

P P11
O P257

**外来種が国内で定着。
強力な神経毒を持ち、咬傷部には
激痛が生じる。海外では死亡例も**

被害実例 　国内では1995年に大阪で発見されたが、実は終戦後（年月日は不明）にも被害が報告されている。咬まれたのは西表島在住の57歳男性。畑仕事の最中にクモに膝を咬まれ、30分を経過したころから咬傷部に疼痛を感じはじめ、やがて膝関節が猛烈に痛み出した。翌早朝からは堪えられないほどの疼痛が胸部まで達し、胸腹部にも狭圧感を覚えて呼吸困難に。1週間後にようやく全快した。

症状 　針で刺されたような痛みを感じ、熱感、リンパ節の腫脹、紅斑、浮腫が現れる。咬傷部の痛みは徐々に強くなり、やがて耐え難いほどの激痛となる。全身症状としては、咬傷部以外の痛みや異常発汗、胸部の圧迫感、嘔吐、筋力低下、高血圧などが現れる。症状のピークは咬まれてから3、4時間後で、数時間から数日で軽減してくる。海外では死亡例もある。

予防法 　被害は通年。直接手で触れない。営巣していそうな場所で作業を行なうときは要注意。

● 分布／本州、四国、九州、沖縄

● 生息環境／側溝と蓋の隙間、墓石の隙間、水抜きパイプの中、フェンスの基部、自動販売機やクーラー送風機の裏、浄化槽ブロアーのカバーの中、照明設備など、日当たりのよい場所にあるコンクリート建造物や器物のあらゆる窪みや穴、溝、裏側、隙間に営巣する。

● 特徴／雄5mm前後、雌10mm前後。体色は黒。球形の腹部背面と腹面に赤い斑紋がある。

● 生態／もともとはオーストラリアやニュージーランド、インド、東南アジアなどに分布する種。外国からのコンテナや建築資材についていたものが侵入したもよう。かつては石垣島や西表島にも近似種のゴケグモが生息していたが、薬剤散布により掃討されたとされている。性格はおとなしく、積極的に攻撃してくることはない。強力な神経毒を持つ。なお、ゴケグモ類は、交尾中に雌が雄を食べてしまうことからその名がつけられている。

仲間

ハイイロゴケグモ

→P11参照

イエダニ

P P12
P P257

**ネズミに寄生し、
人間やペットも吸血する。
予防するにはまずネズミ対策を**

| 症状 |

ウエストまわりや太ももなど、皮膚の柔らかい部分を好んで吸血する。患部には発疹ができ、激しい痒みが生じる。痒みは数日間続き、跡が残る。また、掻き過ぎて細菌による二次感染を起こすケースも多い。

| 予防法 |

活動期は春〜秋の24時間。イエダニはネズミに寄生するので、屋内へのネズミの進入路を塞ぐとともに、殺鼠剤などを用いてネズミを駆除する。

まずは押入れの中や天井裏などをチェックし、発生の温床となるネズミの巣を見つけたら、巣とその周辺にエアゾール式殺虫剤を撒いて巣を廃棄する。さらに床面や壁などにも散布しておくこと。燻煙タイプの殺虫剤でもOKだが、エアゾール式殺虫剤に比べると殺虫効果は長続きしない。殺鼠剤やワナなどによってネズミが死んだら、ただちに死骸を廃棄し、殺虫剤を撒いておこう。

なお、寝具の下や押し入れなどに敷くダニとりマットは、イエダニには効果がない。被害が続くようなら、専門業者に駆除の依頼を。

● 分布／日本全国
● 生息環境／ネズミに寄生する吸血性のダニで、人やペットにも寄生する。
● 特徴／全長0.5〜1mm。肉眼でも確認可能。体色は灰褐色だが、吸血すると赤から黒に変わる。
● 生態／ネズミが生息する屋内、とくに巣や死骸に発生する。もともと日本にはいなかったが、大正末期に入り込んだ。
● まめ知識／近年は一般家庭にネズミが入り込むことも少なくなっているため、イエダニによる被害はそれほど多くはない。しかし、ネズミが多く生息している商業ビル内や地下食品街では、今も被害が多発している。

仲間

トリサシダニ

イエダニに似た小型のダニで、主に鳥の巣に発生し、家屋に侵入して人間に寄生する。

ワクモ

主にニワトリやハトなどに寄生するが、やはり人間も吸血する。痒みはイエダニ以上。

ヤマトマダニ

P P12
+ P257

**動物の呼気に反応して吸血。
新種の感染症SFTSを媒介することも判明し、
被害は拡大中**

被害実例 朝日連峰の大朝日岳に登った47歳男性が、1、2日後に首のあたりに違和感を覚え、手で触れてみるとポチッとした柔らかい出っ張りができていた。気になるので触ったり引っ張ったりしているうちに、それはポロッと取れてしまった。見てびっくり、それはダニの体だった。まだ皮膚の中に食い込んでいたダニの口器は、病院で切開手術を受け取り出してもらった。

症状 吸着時には痛みや痒みをほとんど感じない。吸着時間は数日間。満腹になると自然に落ちるが、まれに1カ月以上も吸着していることも。脱落後は痛みや違和感が生じ、患部が赤く腫れ上がる。ときに頭痛や発熱や筋肉痛などを伴う。

予防法 春〜夏の早朝〜夕方に被害が多発。野外ではなるべく皮膚が露出しないウェアを着て行動する。肌の露出部、ウェアの袖や裾、靴などには虫除けスプレーを塗布しておくといい。帰ったらウェアを脱いでダニがついていないかをチェックし、入浴時には体をなで回してみる。

●分布／屋久島以北の日本全国
●生息環境／標高が低い山地の山林、ササ薮、草地など
●特徴／全長2〜10mm。体色は白っぽいが、吸血するに従いピンク色、暗黒色へと変化する。
●生態／山林の下草やクマザサなどの葉の上につき、通りかかる動物の呼気に反応して吸着、口器を皮膚内に深く差し込んで吸血する。幼虫や若虫はノネズミなどの小型哺乳類に、成虫は中・大型哺乳類に寄生。野兎病、日本紅斑熱を媒介する。
●まめ知識／マダニ類が媒介する新種の感染症「重症熱性血小板減少症候群(SFTS)」が、2013年に国内で初めて確認され、以降、ウイルスの分布域は全国に拡大している(P246参照)。

仲間

シュルツェマダニ

→P12参照

タカサゴキララマダニ

丸い体型をした大型種で、体色は赤茶色。SFTS、日本紅斑熱を媒介する。

ツツガムシの仲間

かつては風土病とされていた
つつが虫病を媒介。
重篤の場合は命を落とすことも

アカツツガムシ

被害実例 2016年、沖縄県宮古島で、60代の男性が発熱後に体調が悪化し、およそ2週間後に自力歩行が困難となり、心肺停止状態に陥って死亡した。男性の血液やかさぶたからはつつが虫病の病原体遺伝子が検出され、同病による敗血性ショック死と判断された。男性は農作業中に感染したものと見られている。つつが虫病による死者が出たのは、沖縄県ではこれが初めてだった。

症状 刺されてもほとんど痛みは感じず、発疹が見られる程度。つつが虫病の場合、10〜14日ほどの潜伏期間後、全身の発疹や高熱などの症状が現れる。重症化すると肺炎や脳炎、多臓器不全などを起こして死に至ることもある。

予防法 つつが虫病を媒介するそれぞれの幼虫の発生時期に被害が多発。この時期には、分布エリアの山林や野原などにはなるべく立ち入らないようにする。立ち入る際は素肌の露出を抑え、露出部やウェア、靴には虫除けスプレーを散布しておく。

フトゲツツガムシ

とくに東北・北陸・山陰地方に多い。寒冷な気候に抵抗性であり、一部は越冬する。新型つつが虫病を媒介。
→P12参照

タテツツガムシ

太平洋側の温暖な地域、とくに房総・東海・九州に多い。新型つつが虫病を媒介。
→P12参照

アカツツガムシ

古典型つつが虫病を媒介。
→P12参照

●まめ知識／ツツガムシはダニの一種で、つつが虫病リケッチアという病原体を持っている幼虫が人に吸着してリンパ液を吸うことにより、つつが虫病という感染症を媒介する。人間に寄生するのは幼虫のみ。人に吸着した幼虫は2、3日で自然脱落する。なお、つつが虫病には新型つつが虫病と古典型つつが虫病の2つのタイプがあるが、今日発生しているのはほとんど新型タイプだ。

ドクガ

P P13
+ P258

幼虫は体全体に、
成虫は尾に毒針毛を持つ。
刺されると激しい痒みが数週間続く

←ドクガ成虫
↓ドクガ幼虫

被害実例 ある夏の夕方、25歳の男性が西表島の浦内川沿いにある田んぼの近くを車で走っていたとき、全開にした窓からタイワンキドクガが飛び込んできた。慌てて車を停めて外に飛び出し、Tシャツにとまっていたガを払い落とそうとしたら、手の甲をガの体にこすりつけてしまった。しばらくすると猛烈な痒みが生じてきたので、水筒の水でそっと患部を洗い流したが、その後、痒みは1週間近く続いた。

症状 毒針毛に触れただけでも刺されるが、こすったりすると被害部分が拡大し、症状もひどくなる。刺された直後の痛みは少ないが、数分〜数時間後にピリピリした感じとともに強い痒みが起こる。患部は炎症を起こし、発疹が現れてじん麻疹のように広がり、ひどいときは全身症状となる。痒みは激しく、2〜3週間続く。

予防法 幼虫による被害は5〜6月で、時間帯は朝〜夕方。成虫による被害は6〜7月、時間帯は夕方〜早朝。幼虫にも成虫にも、触れないのが最善の予防。

●分布／北海道〜九州
●生息環境／低山や山麓の雑木林、街の街路樹や垣根など
●特徴／幼虫の体長40mm、成虫の前翅長20mm。孵化した直後の幼虫は体色が橙色だが、やがて背面に黒斑が現れ、成長するにつれ黒い部分が大きくなり、最終的には黒色の地に橙色斑の体となる。体全体に毒針毛を持つ。成虫は尾端に毒針毛が付着する。
●生態／ドクガは年1回発生。幼虫は多くの広葉樹の葉、各種草花や雑草の葉を食べる。成虫は6〜7月ごろ現れて葉裏に卵塊を生み、間もなく幼虫が孵化。集団で生活、越冬し、春に活動を再開する。
●まめ知識／毒針毛は幼虫が脱皮した抜け殻やサナギ、卵のまわりにもたくさんついているので要注意。

仲間

モンシロドクガ

→P13参照

キドクガ

→P13参照

チャドクガ

● ● ● ●

P P13
＋ P258

**毒針毛を持つ幼虫の大発生が
全国各地で問題化。
触らなくても被害に遭うことも**

被害実例

2003年6月、兵庫県朝来郡和田山町の町立体育センター玄関脇にあるツバキ約30本にチャドクガの幼虫が大量発生した。22日、同センターではスポーツ大会が開かれ、これに出場した小学生29人、保護者30人が発疹や痒みを生じるなどの被害に遭った。被害者は直接、幼虫に触ったわけではなく、毒針毛が空中を浮遊して皮膚についたようだ。このため和田山町は同センターのツバキをすべて伐採した。

症状

ドクガの項に同じ。

予防法

被害が起きやすいのは、4〜5月と8〜9月の朝から夕方。チャドクガの幼虫が好むサザンカやツバキの木に近づくときは注意すること。また、ドクガの発生時期に野外で活動するときには、肌の露出をできるだけ抑えたウェアを着用する。成虫が飛んできても決して追い回さず、止まったところを濡れたティッシュペーパーなどで捕まえてつぶし、ゴミとして捨てる。

●分布／本州、四国、九州
●生息環境／チャの葉やツバキ、サザンカなどの葉につく
●特徴／幼虫の体長25mm、成虫の前翅長10〜15mm。幼虫は頭部が黄褐色、背面は暗褐色で中央部は黄褐色、体側に白い一条線が入っている。成虫の体色は黄色で、翅の先に2個の小さな黒点がある。
●生態／卵のまま越冬し、5月のゴールデンウイークのころに孵化。6〜7月ごろに成虫となって産卵し、8〜9月に2回目の幼虫が発生。それが成長して9〜10月に羽化した2回目の成虫が卵を産み、その卵が越冬する。卵から成虫まで、やはりすべての過程で毒針毛を持っている。

Column

観察員からの一言

チャドクガは大発生した幼虫による被害が全国各地で大きな問題となっている種でもある。幼虫が大発生するのは、気象条件に大きく左右されるようだが、カラスやスズメ、寄生バエや寄生バチなどの天敵が減ったことなども一因となっている。

マツカレハ

P P14
○ P258

**マツ類の木が
あるところでは要注意。
幼虫の毒針毛が刺さると激痛が**

被害実例 ある年の梅雨明けの6月、西表島の浦内川沿いの森の中をトレッキングしていた20歳男性は、急斜面を這い上がろうとして、かたわらにあった木の幹を手掛かりにつかんだ。その瞬間、手からイヤな感触が伝わってきた。見ると手と幹の間に挟まれた毛虫が身もだえしているではないか。毛虫は頭を反らすようにして手に体の一部を押しつけてきた。と思う間もなく、手に激痛が走った。男性は軍手をしていたが、毛虫の毒針毛にはなんの役にも立たなかった。その毛虫は、マツカレハと同じカレハガ科の仲間、クヌギカレハだった。刺されたあとは猛烈に痛痒くなり、痛みは2、3日続いた。

症状 毒性はドクガほど強くはないが、毒針毛が刺さると激痛があり、発赤と丘疹が生じてじん麻疹のようになる。激しい痒みはなかなか収まらず、治癒するまで2、3週間かかることもある。

予防法 被害は春〜初秋の朝〜夕方に発生。マツ類の木があるところでは、幼虫や繭に触らないように。

●分布／日本全国

●生息環境／アカマツ、クロマツ、カラマツなどマツ類の大害虫として知られる。

●特徴／幼虫の体長75mm。体表面は銀色に光り、胸部背面に藍黒色の毒針毛の束がある。繭をつくるときには、この毒針毛を繭の表面につける。

●生態／俗に「マツケムシ」と呼ばれている。年1回発生。夏から秋にかけて孵化した幼虫は木を下りて越冬、春になると再び木に上り、7〜9月ごろ成虫になる。成虫には毒針毛はない。

仲間

ヤマダカレハ
→P14参照

クヌギカレハ
→P14参照

タケカレハ
→P14参照

イラガ

P P14
⊕ P258

**日本の毛虫の中では、
刺されたときの痛さは最凶。
ただし症状は長続きしない**

●分布／日本全国

●生息環境／平地や山地。カキ・サクラ・ウメ・アンズ・ケヤキ・カエデ類・ヤナギ類・クリ・クルミ・ザクロなどの木によく見られる

●特徴／体長25mm。体型は太くて短い。褐色紋のある鮮やかな黄緑色の体に、見るからに痛そうな毒棘をたくさん持つ。トゲが刺さると、先端が折れて毒液が注入される。

●生態／通常年1回発生するが、2回発生することもある。繭と成虫は無害。

被害実例　自宅の庭のカキの木の下で孫を抱いていた65歳男性。そのカキの木の枝から落ちてきたのがイラガだった。イラガは男性の腕をちょっとかすめただけだったのだが、その瞬間、腕に激痛が走った。ハッと思ったときには遅かった。あまりの痛さに、つい孫を落としてしまったのだ。孫は火がついたように泣き叫んだが、幸いケガもなく、男性は胸をなで下ろしたのだった。

症状　国内の毛虫の中では最も痛い毛虫といわれ、刺された瞬間に電撃的な痛みがある。患部は赤くなって丘疹を生じる。通常、1〜2日で治り、ドクガ類のように痒さが長く残ることはない。

予防法　被害が多発するのは7〜10月の朝〜夕方。とくに9、10月に多い。イラガのつく木に近づくときはよく注意し、誤って触れないようにする。

仲間

アオイラガ
→P14参照

クロシタアオイラガ
→P15参照

ヒロヘリアオイラガ
→P15参照

Column

観察員からの一言

アオイラガの近似種、ヒロヘリアオイラガの幼虫が1979年ごろから静岡以西の各市街地で大発生し、最近は被害が関東にまで及ぶようになった。とくに都市部には天敵が少なく、被害拡大が懸念されている。

ウメスカシクロバ

P P15
＋ P258

**庭木の手入れをしているときに、
幼虫の毒針毛に
うっかり刺される被害が多発**

写真／深谷信一

●分布／北海道、本州
●生息環境／ウメ、モモ、サクラ、アンズ、スモモなどのバラ科の庭木や果樹にふつうに見られる。
●特徴／体長18mm。体形は太めのずんぐり型。体色は黒っぽく、腹面は紅紫色。白い毒針毛がたくさんある。
●生態／年1回発生。幼虫は越冬し、春に新芽を食害する。5月に繭をつくってサナギになる。繭や成虫は無毒。

被害実例

ウメスカシクロバの幼虫に刺される被害は、ウメ、モモ、アンズ、オウトウなどの果樹栽培農家の人に多く、ときには幼虫に葉を食害される被害よりも農作業中に刺される被害のほうが大きいこともあった。しかし、この幼虫は殺虫剤に弱く、近年は果樹園での被害は少なくなり、むしろ庭木のウメやサクラを手入れしているときに刺される一般家庭での被害が増えている。

症状

刺されると激しい痛みがあり、患部は赤く腫れ上がる。痛みは数時間後に消えるが、その後、痒みが生じ、1、2週間痒みが続く。

予防法

被害が多いのは、春の朝～夕方。ウメスカシクロバがいそうな木に近づくときはよく注意し、誤って触れないようにする。

仲間

タケノホソクロバ

体長20mm。日本全国に分布。体色は黄褐色で、黒褐色のたくさんのコブが体中に並び、そこに短い毒針毛がある。白または黒褐色の長い毛は無毒。成虫と繭も無毒。5～7月、8～9月の年2回発生。タケ類やササ類の葉を食害する。
→P15参照

リンゴハマキクロバ

→P15参照

アオカミキリモドキ

- ● P16
- ⊕ P258

**うっかり潰して体液が
皮膚に付着すると、
ヤケドに似た症状が生じる**

被害実例

　西表島の住吉の民宿に滞在していた23歳男性。ある日の夜、部屋でくつろいでいたときに、どこからか飛んできた虫が首筋にとまったため、無意識的に払い落そうとした。ところが手の勢いが余ってつぶしてしまったところ、ちょっと熱いような感じを覚え、「あれ?」と思ってつぶした虫を見たら、それはカミキリモドキの仲間だった。しばらくして鏡で見てみると、患部は赤く腫れて米粒大の水脹れができていた。その水泡をつぶして水を出し、バンドエイドを貼っておくこと数日で、傷は完治した。

症状

　体液にカンタリジンという有毒成分が含まれていて、うっかりつぶして体液が皮膚に付着すると、数時間後に患部はヤケドしたときのように水脹れになる。水脹れが破れるとヒリヒリ痛む。

予防法

　晩春～夏の夕方～真夜中に被害が多発。素手で触らないこと。夜は灯火に飛来してくるので、網戸や蚊帳などで侵入を防ぐ。体にとまったら、つぶさずに息を吹きかけて払い除けよう。

●分布／日本全国
●生息環境／雑木林に多い。市街地でもよく見られる
●特徴／体長13mm前後。体色は橙色で、前翅は光沢のある青緑色をしている。
●生態／幼虫は山野の朽木や腐植物をエサとし、1年ほどでサナギになる。昼間は活動が鈍く、草むらや木の葉の裏などにとまっている。花に集まってきて、花粉を食す。走光性が強く、夜間、灯火に飛来する。

仲間

ハイイロカミキリモドキ

　体長10mm前後。本州～沖縄、伊豆諸島、小笠原諸島などに分布。体色は黒～暗褐色、前翅は暗緑色。

ツマグロカミキリモドキ

→P16参照

キムネカミキリモドキ

→P16参照

マメハンミョウ

P P17
P258

アオカミキリモドキと同じ
カンタリジンを体液に含み、
皮膚につくとヒリヒリ痛む

情報 　昔から「ハンミョウには毒がある」といわれているが、ハンミョウ科の仲間には毒がない。有毒なのは、ツチハンミョウやマメハンミョウなどツチハンミョウ科に所属する甲虫類。マメハンミョウが持つ有毒成分のカンタリジンは、おできの膿を吸い出す発泡剤の原料となるため、かつてマメハンミョウは日本薬局方に唯一の昆虫として登録されていた。それが削除されたのは、大量確保が難しいことと、医薬品の原料としては毒性があまりにも強すぎることによるという。

症状 　体液にアオカミキリモドキと同じカンタリジンという有毒成分を持つ。刺激すると体を丸め、脚の関節部などからこのカンタリジンを含む黄色い体液を分泌させる。これが皮膚に付着すると、数時間後に患部はヤケドしたときのように水泡ができる。

予防法 　7〜9月の朝〜夕方に被害が多い。うっかり素手で触らないこと。

● 分布／本州、四国、九州
● 生息環境／平地の草地や畑など
● 特徴／体長15mm前後。頭部のみが赤く、体と前翅は黒い。前翅には白っぽい縦条線が入っているが、この線がない個体もまれにいる。
● 生態／成虫は草食性で、その名のとおりダイズなどのマメ科の植物をはじめ、ジャガイモ、ナス、ニンジンなどの葉を食害する。シロツメクサやヨメナなどの野草も食べる。
● まめ知識／マメハンミョウはダイズの大害虫として悪名高いが、幼虫のときはイナゴ・バッタ類の卵を食べる益虫とされている。

仲間

マルクビツチハンミョウ
→P17参照

ヒメツチハンミョウ
→P17参照

キイロゲンセイ
→P17参照

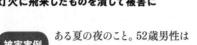

体液には有毒物質の
ペデリンが含まれる。
灯火に飛来したものを潰して被害に

被害実例 ある夏の夜のこと。52歳男性は東京の郊外の新興住宅地に新居を建て、お祝いに集まってきた仲間と麻雀を楽しんでいた。その最中に、腕の上を這っていたアリをひねりつぶしたところ、数時間後にその箇所が赤く腫れて小さな水脹れがいくつかでき、やがてそれがくっつき合ってミミズ腫れのような皮膚炎になってしまった。アオバアリガタハネカクシの本来の生活圏である場所に新居を建てた場合などにこうした被害が頻発している。

症状 体液が皮膚に付着すると、数時間後に痒みが生じて赤く腫れる。その後、水脹れができ、赤いミミズ腫れのような皮膚炎となる。オートバイや自転車に乗っていて目に入ると激しく痛み、結膜炎や角膜潰瘍などの炎症を起こす。

予防法 被害は6〜8月の夕方〜真夜中。素手で触らないこと。夜になると灯火に飛来してくるので、網戸や蚊帳などで侵入を防ぐ。体にとまったら、つぶさずに息を吹きかけるなどして払い除ける。

●分布／日本全国
●生息環境／水田や畑、川原、湖沼の周辺、湿地など草地に多い
●特徴／体長約7mm。細長いアリのような体形で、頭部と後胸部と尾端は黒、前胸部と腹部は橙色、前翅は短く藍緑色をしている。
●生態／雑草や落葉の中、朽木や石の下などに生息。走光性があり、夜間は灯火に飛来する。雑食性だが肉食を好み、水田の害虫を捕食することから益虫とされている。体液に含まれる有毒物質ペデリンは、卵、幼虫、サナギにも有している。年に1〜3回の発生し、雌の成虫だけが越冬する。
●まめ知識／名前は「青い翅を持つ、アリの体形に似たハネカクシ」という意味から来ている。体液に含まれる有毒物質はペデリン。皮膚につくとミミズ腫れ状の皮膚炎を起こすのが特徴。

マイマイカブリ

Ⓟ P18
Ⓒ P258

**危険を察するとお尻から
刺激臭のある毒液を噴射。
目に入れば失明の危険も**

被害実例 75歳男性は、秋田県で過ごした少年時代、毎日のように昆虫採集に明け暮れていた。そんなある日、朽ち木の下で発見したのがマイマイカブリ。この虫は日本特産種で、その奇妙な形から昆虫コレクターに人気があり、少年も喜んで素手で捕まえたのだが、そのときマイマイカブリが尻から放出した毒液がまともに目に入ってしまった。少年は想像を絶する痛さにのたうち回り、幸い失明こそ免れたものの、すっかり目を痛め、今日まで眼鏡を手放せなくなったという。

症状 体液にはメタアクリル酸とエタアクリル酸が含まれ、強い刺激臭がある。捕まえようとしたときなどに、腹部末端からこの体液を噴射する。これが皮膚につくとピリピリ痛む。目に入ってしまうと激しい痛みがある。

予防法 被害は4〜10月の夕方〜朝。不用意に素手で触ったり捕まえようとしたりしないこと。

● 分布／北海道〜屋久島
● 生息環境／平地から山地にかけての林、草原、河原などに多い
● 特徴／体長26〜65mm。日本特産のオサムシで、体色は光沢のある黒色。ただし後翅が退化していて飛べないため、生息地域によって体色や体形に変化がある。
● 生態／夜行性。昼は枯葉の下などに潜み、夜になると地表や木の幹などを歩き回り、カタツムリやミミズなどを捕食する。カタツムリ（マイマイ）を食べるときに、殻の中に頭を突っ込むことから、この名がついた。頭部や胸部が細長くなっているのは、殻の中に入りやすいためで、口から出す消化液で肉を溶かしながら食べる。幼虫もまたカタツムリを捕食する。

仲間

アオオサムシ

→P18参照

クロナガオサムシ

→P18参照

ミイデラゴミムシ

📄 P18
⊕ P258

**外敵から身を守る、
強烈な悪臭と高温のガス。
うっかり手を出すとヤケドの憂き目に**

情報　子供のころ、好奇心から捕まえようとして手を出し、強烈なガスを浴びせられて痛い目に遭った経験を持つ人も少なくないようだ。子供たちが野外の自然の中で遊ぶ機会が激減した今では、そんな体験をすることもほとんどないのだろう。

　ミイデラゴミムシが発する毒ガスは、小さな体に似合わず、強烈な悪臭とヤケドに似た皮膚炎をもたらす。その威力は、捕食しようとするカエルや鳥、クモなどにヤケドを負わせ、すごすご退散させるほどだという。

症状　お尻から発射されるガスが皮膚につくと、灼熱感を持ったピリピリとした痛みがあり、褐色の染みや悪臭が染みついてしまう。場合によっては水膨れが生じることも。この有毒ガスは、対象に向かって尾端を向けることで、噴射方向を自在に変えることができる。

予防法　被害は4〜10月の夜間。不用意に素手で触ったり、捕まえようとしたりしないこと。

● 分布／北海道〜九州
● 生息環境／低山地から平地までの湿った場所を好む。民家周辺や市街地にも生息。
● 特徴／体長15〜17mm。ゴミムシの仲間としては派手な体色をしており、頭部と胸部は黄色に黒紋、上翅は黒地に一対の黄色の斑紋がある。また、上翅には縦の筋が何本も入っている。
● 生態／昼間は石の下などに潜み、夜になると行動を始め、小昆虫やガの幼虫などを捕食する。昆虫や動物の死骸、果実も食べる。捕まえようとすると、「ぷっ」という音とともに、お尻から悪臭のする有毒ガスを吹きつける。このため「ヘッピリムシ」とも呼ばれている。
● まめ知識／噴出される有毒ガスは、体内で過酸化水素とハイドロキノンを生成・反応させたベンゾキノンのガスで、その温度は約100度に達する。

仲間

オオホソクビゴミムシ

→P18参照

●●●1 オオスズメバチ

P P19
＋ P255

国内で最も危険な野生生物。
刺されるとアレルギー反応が現れ、
ときにショック死することも

↑
毒針

被害実例1 沖縄で牧畜を営んでいる47歳男性は、牛を引いて牧草の生えているところまで移動させようとしていた。そのときに、たまたまスズメバチ（キオビスズメバチ）の巣のすぐ近くを通りかかってしまった。枯れたススキの株の中に巣をつくっていたので、気がつかなかったのだ。ブーンという羽音が聞こえてきて、「ヤバイ」と思ったときにはもう遅かった。両足のふくらはぎに鋭い痛みが走ると同時に（男性はそのとき短パンをはいていた）、牛をその場に置いて一目散に逃げ出していた。刺された箇所は毒によって周辺の組織が壊死したようになり、1年以上も跡が残っていた。

被害実例2 神戸市北区在住の49歳男性が自宅近くの森の中をひとりで散歩していたときのこと。途中でひと休みしていた男性の耳元で、突然ブーンという大きな音が起こった。ハッとその方向を見ると、40cmほど離れたところにスズメバチが1匹現れて、こちらを威嚇しているではないか。もしやと思い、あたりを見回してみてビックリ。現れたス

●分布／北海道～大隅諸島
●生息環境／平地から標高の低い山地までの森林などに生息する
●特徴／体長27～40mm。日本最大種のスズメバチで、女王バチの体長は45mmにまでなる。橙色の体に黒い横斑がある。頭部は人きく、咬む力が強大。攻撃性、毒性も強い。
●生態／肉食性で、昆虫やイモムシなどを狩り、肉団子にして幼虫に与える。また、ほかのスズメバチやミツバチの巣を集団で襲って全滅させ、幼虫やサナギを略奪する。働きバチは幼虫の唾液腺から分泌する液状の流動食を食べる。

　通常、巣は土の中につくる。ひとつの巣は1匹の女王バチと200～500匹の働きバチで構成される。越冬した女王バチは春に巣づくりを始め、十数匹の働きバチを育てたのちに産卵に専念。6～7月に孵化した働きバチが巣づくりを受け継ぎ、初夏から秋にかけて巣が拡大する。秋には新女王バチが誕生して越冬。旧女王バチと働きバチは冬までに死んでしまう。

ズメバチの1、2mほど先に、大きな巣がある
ではないか。一瞬、どうしようかと迷ったが、
背中に背負った小さなザックからは、何匹か
のスズメバチが体当たりしている感触が伝わ
ってきた。これはマズイと思い、そのままゆっく
りと6mばかり離れると、まったく攻撃してこな
くなった。

被害実例3 ある年の5月初旬、55歳の男
性教師が小学生30名を連れ、
岩手県花巻市にある大空の滝に向かってい
た。左側は豊沢川に落ち込む谷、右側は地
肌が露出した崖となっている山道を歩いてい
たら、10mほど前方の右の崖の窪みにスズメ
バチの巣を発見した。巣のまわりにはかなりた
くさんのスズメバチが飛び交っていた。この巣
は下見のときにも確認していたもので、その
ときはなにごともなく通過できたので、子供たち
にゆっくり歩くよう指示して巣のそばを通過し
ようとした。しかし、ハチが近くに飛んできた
のを機に子供たちはパニックに陥り、走って
逃げ出そうとしたため、次々と刺されてしまっ
た。20m以上離れた時点でようやく襲ってこ
なくなったので救急車を呼び、刺された子供
たちを病院に運び込んだ。ひとりは発熱した
が、翌日には回復。残りの数名は腫れと痛み
の症状が出たが、数日で回復した。

仲間

キイロスズメバチ

体長17〜24mm。本州〜
大隅諸島の平地から低山地
にかけて分布。亜種のケブカス
ズメバチは北海道に生息。体
全体に黄色の毛が密生する。
木の枝、崖、土中、軒下、家屋
の壁、屋根裏など、さまざまな
場所に営巣。スズメバチ類の
被害の大半はこのキイロスズ
メバチによるもの。

→P19参照

クロスズメバチ

→P19参照

ヒメスズメバチ

→P19参照

コガタスズメバチ

→P19参照

モンスズメバチ

→P19参照

チャイロスズメバチ

体長17〜24mm。近畿以
北に生息する、やや小型のス
ズメバチ。黒褐色の体に赤褐
色の頭胸部を持つ。本種の女
王バチは単独でキイロスズメ
バチやモンスズメバチの巣に
乗り込み、女王バチを殺して巣
を乗っ取ってしまう。

| 症状 | 刺されると激痛を感じ、痛みは時間の経過とともに増す。刺された箇所は熱を持ち、数分の間にみるみると大きく腫れ上がってきて、人によっては発熱することもある。重症の場合は顔面が蒼白になり、全身に震えがくる。嘔吐、下痢、ショック症状、血圧の急激な低下などの症状も見られ、刺されてから15〜40分ぐらいの間に意識不明に陥ってその場に倒れてしまう。これはハチ毒に対してアレルギーを持っている人に見られる症状で、「アナフィラキシー・ショック」と呼ばれている。ハチに刺されて死亡するケースのほとんどは、このアナフィラキシー・ショックによるものである。

| 予防法 | 春〜秋の早朝〜夕方に被害が多い。働きバチが巣を拡大する初夏から秋にかけてが最も危険だ。いちばんの予防法は、巣に近づかないこと。うっかり近づいてしまうと、集団で攻撃を仕掛けてくるが、スズメバチは攻撃の前に威嚇の態勢をとる。すなわち、目の前で数匹がホバーリングをし、大顎をカチカチ鳴らして毒液をピュッピュッと噴射するのだが、このモビングのときに退散しないと、数十匹の集団が猛然と襲いかかってくる。モビングに気づいたら、姿勢を低くしてただちに巣から遠ざかることである。

そのほかの予防法についてはP255参照。

ツマグロスズメバチ

体長20〜22mm。宮古島以南の宮古諸島および八重山諸島のみに生息。体色は赤褐色で、腹部は黄赤色と黒色のツートンカラー。昆虫類を狩り、マンゴーやパイナップルなどの果汁も舐め、テリハボクの葉をかじる。

Column

観察員からの一言

野外の生物の中でも、最も危険なのがスズメバチの仲間。国内では毎年40人近い人がスズメバチに刺されて亡くなっている。これは「アナフィラキシー・ショック」と呼ばれるショック症状によるもの。このようなハチ毒に対するアナフィラキシー（特異過敏症）の人は、10人に1人の割合でいるとされ、1度ハチに刺されるとその毒に反応する抗体ができてしまい、2度目以後にアレルギー反応を引き起こす。ハチに刺されたときに嘔吐、下痢、発熱、全身浮腫、チアノーゼなどのアレルギー反応が現れた場合は、ハチ毒に対するアナフィラキシーの可能性が高い。兆候が見えたら一刻も早く病院へ運ぶこと（P255参照）。

人家付近に多い日本最大のアシナガバチ。
攻撃性はやや強く、
巣に近づくと威嚇する

症状

スズメバチに比べるとやや軽症ですむ。刺されると強い痛みがあり、熱感、発赤、腫れが生じる。人によっては発熱やアナフィラキシー・ショックを起こすこともある。

予防法

被害が多いのは6〜8月の朝〜夕方。巣を刺激すると攻撃してくるので、草刈りや庭木を剪定するときなどは要注意。巣に刺激を与えないようにしよう。また、干していた洗濯物や布団に潜り込むこともあるので、室内に取り込むときには気をつけること。

Column

観察員からの一言

アシナガバチは街路樹や庭木や農作物につく害虫を狩る益虫であり、なんの被害も受けないのであれば、むやみに巣を駆除すべきではない。やむをえず駆除を行なわなければならないときには、ハチが巣に戻ってきている夜間に、市販されている一般の殺虫剤かハチ専用の殺虫剤を巣に向かって20〜30秒噴霧する。ハチは驚いて飛び回るが、攻撃してくるわけではないので、慌てず噴霧を続けること。間もなくハチは死んでしまう。ハチがいなくなったらすぐに巣を廃棄し、そのあとにも殺虫剤を10〜20秒噴霧しておけば、巣に戻ろうとしてきたハチも駆除できる。

●分布／本州以南
●生息環境／平地や人家付近
●特徴／体長20〜25mm。日本産アシナガバチの中では最大の種で、黒い体に黄褐色の斑がある。前伸腹節が黒いのでこの名がついた。
●生態／4月中旬ごろから人家の軒下や木の枝などに営巣する。昆虫やアオムシ、毛虫などを狩る。アシナガバチの中では攻撃性はやや強い。働きバチは5月下旬〜7月に、雄や新女王は7月中旬〜9月に羽化する。越冬のため、巣の上や屋根裏、天井などに集団で静止することもあるが、攻撃性はない。

仲間

フタモンアシナガバチ

→P20参照

キアシナガバチ

→P20参照

キボシアシナガバチ

→P20参照

ヤマトアシナガバチ

→P20参照

コアシナガバチ

→P20参照

ミツバチの仲間

**巣を刺激すると集団で攻撃してくる。
アナフィラキシー・ショックでの
死亡例も**

ニホンミツバチ

被害実例 ある年の5月、奥入瀬渓谷の自然林の中で養蜂家を取材していたカメラマンの男性は、カメラのファインダーをのぞこうとしたときに、顔に密着した防虫ネット越しに目のまわりを3〜5箇所、刺されてしまった。男性は前年にもミツバチに刺されたことがあったのだが、そのときはカに刺された程度にしか感じず、全然腫れたりしなかった。ところがこのときの痛みは前回の比ではなく、かなり強い痛みを感じたという。しかも、翌朝起きてみると、顔がパンパンに腫れ上がっていた。ようやく腫れが引いてきたのは4、5日後のことだった。

症状 刺されると激痛があり、紅斑が生じるが、痛みは間もなく消失する。ただし何回も刺されると発赤、腫れ、硬結、水腫れ、壊死などのアレルギー症状が現れることがある。アナフィラキシー・ショックで死亡した例も報告されている。

予防法 被害は春〜秋の朝〜夕方。巣を刺激してはならない。蜜や花粉を集めている個体にも近づかないこと。

セイヨウミツバチ

日本全国に分布。各地で飼育されているほか、山林などに生息する。体長約13mm。胸部は黒褐色、腹部には黄褐色の帯状紋がある。女王バチと多数の働きバチで群れが構成され、早春から晩秋まで活動。花の蜜や花粉を採集する。
→P21参照

ニホンミツバチ

体長約12mm。セイヨウミツバチより小型の日本在来種。樹洞のほか、家屋の床下や戸袋などにも営巣する。セイヨウミツバチよりも性格はおとなしい。
→P21参照

Column

観察員からの一言
ミツバチ類の毒針の先にはカエシがあり、刺した相手に突き刺さると針といっしょに内臓まで抜けるので、一度刺した個体は死んでしまう。スズメバチ類やアシナガバチ類は何度でも刺すことができる。

117

**攻撃性も毒性も低い、
おとなしいハチ。
刺されると痛いが、大事には至らず**

情報　　北海道ではトマトの授粉のために輸入されている「セイヨウオオマルハナバチ」が逃げ出して野生化。他県でも野生化しているのが確認された。このセイヨウオオマルハナバチはマルハナバチ類の中でも生命力が強く、大きな競争力を持つため、在来種のマルハナバチなどの衰退を招き、生態系にも少なからぬ影響を及ぼすのではないかと心配されている。実際、セイヨウオオマルハナバチが侵入したイスラエルの一部地域では、ミツバチなどのハナバチ類が著しく衰退したという。こうしたことから、北海道では野生化した個体を捕虫網で捕獲したり、自然巣を排除したりする活動が展開されている。

症状　　刺されると痛みがあり、患部は腫れてくる。が、ほかのハチ類に比べるとかなり軽症ですむ。

予防法　　被害は春〜秋の朝〜夕方。見かけてもむやみに手を出さない。土中にある巣をいたずらしない。

● 分布／北海道〜九州
● 生息環境／本州中部以北では平地〜亜高山帯に、本州中部以南では標高500〜2000mの山地に分布する
● 特徴／体長8〜20mm。全身が黒色と黄白色の毛で覆われているが、地域や個体によって毛色の変化が激しい。胸部と腹部に白色毛の多い北海道産は亜種とされる。
● 生態／盛んに花を訪れて採蜜する。地中に巣をつくり、大きなコロニーを営む。外花弁の基部に穴を空けて蜜を吸うことがある。攻撃性も毒性もかなり低く、刺されることはめったにない。しかし、刺されると痛い。

仲間

トラマルハナバチ

　体長8〜19mm。北海道〜九州の平地から低山地までに分布。明るい黄褐色の長い毛に覆われていて、腹部の先端部が黒い。毛色の淡い北海道産は亜種。地中のほか、倒木の下などにも営巣する。やはり攻撃性、毒性ともに弱い。
→P21参照

クマバチ(キムネクマバチ)

→P21参照

大型グモの天敵。
いたずらに手を出すと刺されることも。
痛みは短時間で解消

●分布／本州以南
●生息環境／平地から低山地にかけて
●特徴／体長22～29mm。雄の体色は黒で、体全体に鮮やかな黄色の縞模様がある。雌は腹部が黒、頭部・胸部背面・足は黄褐色。
●生態／雄と雌で体色が著しく異なるため、長い間、別種と考えられていた。オニグモやコガネグモなどの大型グモを狩る。土中に掘った浅い穴に狩ったクモを入れて体内に産卵。孵化した幼虫はクモをエサとして成長する。それほど攻撃的ではないが、刺されるとかなり痛い。刺すのは雌のみ。

| 被害実例 |

昆虫学者の25歳男性が、スィーピング法（お花畑など、昆虫がいそうな場所で捕虫網を振り回して片っ端からすくいとってしまう方法）で昆虫採集をしていたときのこと。捕虫網を振り回したあと、採れた昆虫を網の中の一箇所に集めるために手で網を絞ったとき、ちょうど手のひらの真ん中あたりに激痛が走り、思わず捕虫網を離してしまった。なにに刺されたのだろうと思って網の中を見たら、そこにはキオビクモバチが入っていた。刺された手は、倍ぐらいの大きさに腫れ上がってしまった。

| 症状 |

刺されると激痛があり、発赤や腫れが生じる。ただし痛みは短時間で消えてしまう。

| 予防法 |

被害が多いのは8、9月の朝～夕方。いたずらに触れたりしないこと。

仲間

ベッコウクモバチ

体長15～28mm。本州、四国、九州の平地に分布。胸部・腹部は黒、頭部・脚・触角は黄褐色で、茶褐色の翅を持つ。小動物の巣穴などに営巣し、やはり大型のクモを狩る。

フタモンクモバチ

体長15～30mm。本州、九州に分布。クモバチの仲間では日本最大種。体色は黒で、顔面両側に黄色の斑紋が、腹部に黄色の横帯がある。大型グモを狩る。

オオハリアリ

P P22
C P259

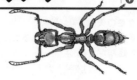

アリの刺咬被害の代表格。
ときに人家へも侵入し、
尾の毒針で刺す

症状	刺されると激痛を感じ、赤く腫れて痒みが生じる。
予防法	被害は春〜秋の6〜24時。素手でつかもうとしたり巣を刺激

したりしないかぎり積極的に人を襲うことはないが、芝生の上で寝ていたりして刺されることがある。アリに刺される害のほとんどは、このオオハリアリによるものだと思っていい。手でつかもうとしたり、巣を刺激したりしないこと。草地の上ではむやみに寝転がらないように。

家屋の周囲でオオハリアリを繁殖させないようにするには、枯れ木や枯れ草を庭に置いたままにせず除去し、外壁や柱などに腐朽している箇所があったら修理して防腐剤を塗っておく。屋内への侵入を防ぐには、隙間をコーキングで塞いでおく。

もしオオハリアリが屋内に侵入してきたら、市販のエアゾールタイプの殺虫剤で駆除する。巣を駆逐するには、巣の周辺にまくパウダー状の殺虫剤や、アリの習性を利用した毒エサなどを用いる。

●分布／本州、四国、九州
●生息環境／生息範囲が広く、林縁部の落葉層、野外の朽木、家屋内の木材などに営巣
●特徴／体長4mm前後。体色は黒。
●生態／朽木の中や石の下などに巣をつくり、女王アリを中心とした階級社会を形成している。肉食性で、シロアリなどほかの昆虫を襲って食べる。尾の末端部に毒針がある。

仲間

アズマオオズアリ

→P22参照

オオズアリ

兵アリは体長約4.5mm、働きアリは体長約3mm。アズマオオズアリと同亜科同属の近縁種で、本州の南岸地域と四国、九州に分布。頭部と腹部は黒褐色、他は赤褐色。

ヒメアリ

本州、四国、九州、南西諸島に分布。働きアリは体長約1.5mm。腹部のみが黒褐色で、頭部や胸部などは黄褐色。

アカカミアリ

P P22
P259

ときに小型動物を襲うこともある
攻撃的な外来種。
国内での分布拡大が懸念されている

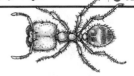

被害実例 1996年、沖縄本島の米軍基地内で米兵がアカカミアリに咬まれ、強度のアナフィラキシー・ショックを引き起こした。この兵士は、アレルギー疾患に対応可能な米国内の陸軍医療センターに送られた。同様の事例は2件あるという。

また、被害は出ていないが、博多港に入港した貨物船のコンテナ（2005年）や、オーストラリアからマレーシア経由で輸入されたナタネのコンテナ（2008年）、フィリピンから輸入されたバナナ（2008年）からもアカカミアリが発見された。2011年にも、植物防疫所でコンテナ内のカカオ豆に生きたまま付着しているアカカミアリが発見されている。

症状 咬まれると激しい痛みがあり、場合によっては腫れが1週間以上も引かない。人によってはアナフィラキシー・ショックを起こすこともある。

予防法 活動時期は不明。生息地域である硫黄島を研究や墓参りなどで訪れる場合は、咬まれないようにスパッツを必ず着用する。

●分布／硫黄島および沖縄本島、伊江島の米軍基地内。硫黄島では完全に定着したことが確認されている。

●生息環境／海岸や草原、人家周辺などの開けた環境に生息し、地中に巣をつくる

●特徴／働きアリは体長3〜8mm。体色は赤褐色で頭部は褐色。頭部は四角形状で極端に大きい。

●生態／性質は攻撃的。大きな顎と鋭い歯を持ち、動くものに集団で襲い掛かる。ときには小型動物を襲うこともあるという。アメリカでは"red fire ants"と呼ばれ、農畜産害虫、衛生害虫として警戒されている。

他の外来種

ヒアリ

働きアリは体長2〜6mm。体色は赤褐色で腹部のみ暗色。原産地は南米中部。国内では2016年に初めて確認され、拡大が懸念される。刺されると激しい痛みがあり、水泡状に腫れる。アレルギー反応を引き起こすことも。

エゾアカヤマアリ

Ⓟ P22
Ⓞ P259

気性が荒い肉食性のアリ。
刺激を受けると大顎で咬みつき、蟻酸を噴射。
目に入ると失明の危険も

情報 1970年代、北海道石狩浜の海岸草原の海岸林との境界付近には、エゾアカヤマアリのスーパーコロニーがあり、保存されるべき生物現象として1983年版IUCN（国際自然保護連合）のレッドデータブックに登録された。約4万5000の巣に3億匹ほどのアリが生活するこの場所は、「世界一大きなアリのコロニー」として知られたが、石狩湾の新港開発などにより巣の数は激減、2000年代以降は最盛期の10分の1になってしまったといわれている。

症状 攻撃するときは、咬みつくとともに尾の末端から蟻酸の毒液を噴出させる。咬まれた箇所は痛みが生じ、紅斑や腫脹が見られる。毒液には強い腐食性があり、皮膚に付着すると皮膚炎を起こす。また、毒液は10cm以上も飛び、目に入ると失明する怖れもある。

予防法 被害は春〜秋。生息しているエリアには近づかないこと。攻撃的な性格なので、むやみに刺激しない。

● 分布／北海道南西部および本州中央部以北
● 生息環境／主に山地の明るい場所
● 特徴／働きアリは体長7mm。頭と胸は赤褐色、腹部は黒褐色。
● 生態／巣の上に落葉や枯草などを集めて積み上げ、円錐形の蟻塚をつくる。塚の高さは50cm〜1mほどで、いくつかの塚がつながっていて全体で大きな巣になっていることもある。肉食性で性質は荒っぽく、ほかの昆虫を捕食する。アブラムシが分泌する蜜も好んで食す。集団で攻撃する性質を持つ。
● まめ知識／エゾアカヤマアリは森林害虫を捕食する益虫という一面もあり、ヨーロッパではマツ林の害虫の天敵として大切に保護されているという。

仲間

クロオオアリ

→P22参照

クロヤマアリ

→P22参照

ヒトスジシマカ

最もよく見られるヤブカで、
日中に人やペットを襲って吸血。
デング熱を媒介する

| 症状 |

刺されると痒み、腫れ、発赤、硬結が生じる。これらの症状は短時間で消えるが、体質によっては数日後に痒みが再発したり、発熱や広範囲の腫張などのアレルギー症状が現れることも。

また、ヒトスジシマカはデング熱ウイルスを媒介する。デング熱は悪寒、全身の筋肉痛や関節痛、それに高熱などの症状が現れる感染症で、1942〜44年の間に長崎や大阪で大流行したことがあった。現在は東南アジアや中南米などでの発生が報告されている。

| 予防法 |

被害が多発するのは初夏〜秋の朝〜夕方で、ピークは7、8月。ヒトスジシマカに代表されるヤブカ類は、主に日中に盛んに吸血活動をする。

野外では、なるべく皮膚が露出しないウェアを着て活動する。肌が露出しているところや襟元、袖口の周辺には、あらかじめジメチルフタレートまたはジエチルトルアミド配合の虫除け薬を塗っておく。あるいは蚊取り線香を携帯する。キャンプをするときにはテントにモスキートネットを使用して侵入を防ぐ。

●分布／本州以南
●生息環境／人家周辺
●特徴／体長約4.5mmの、最も一般的なヤブカの仲間。体色は黒、体中に白い縞模様がある。中胸の背面中央に走る1本の白い縦条が特徴的。
●生態／吸血性のカで、吸血時に唾液が体内に注入されることにより、痒みや腫れなどが生じる。吸血するのは雌のみ。日中、人やペットを執拗に襲う。「ボウフラ」と呼ばれる幼虫はごく小さな水たまりでも発生する。

仲間

トウゴウヤブカ

体長約6mm。日本全土に分布。体色は黒褐色。腹部に白い縞模様が入っている。

オオクロヤブカ

体長約7.5mmの大型のカ。北海道を除く日本全土に分布。体色は黒で、腹部に白い斑紋がある。昼も夜間も吸血する。

ヤマトヤブカ

→P23参照

アカイエカ

P P23
+ P259

国内ではごく一般的に見られ、
夕方〜夜間に活動する。
ウエストナイル熱を媒介

被害実例　アカイエカは、ウエストナイルウイルスを媒介する。ウイルスに感染・発症した状態がウエストナイル熱という病気で、インフルエンザのような症状が出る。発症率は2割ほど。もともとアフリカやヨーロッパ、西アジアで発生していたが、アメリカでは1999年に初めてニューヨークで患者が出た。以降、感染者数が増え、感染地域も拡大。日本では、2005年9月にアメリカのロサンゼルスから帰国した30歳代の男性が日本初のウエストナイル熱患者と診断されたが、その後回復した。

症状　基本的にはヒトスジシマカの項に同じ。ウエストナイル熱は、3〜15日の潜伏期間後発症。発熱や頭痛、筋肉痛、食欲不振、発疹、リンパ節の腫れなどの症状が現れるが、1週間ほどで回復する。ただし、感染者の1%未満に髄膜炎や脳炎症状が起こり、高齢者を中心に発症患者の3〜15%が死亡する。

予防法　ヒトスジシマカの項に同じ。春〜秋の夕方〜夜間に活動。

●分布／日本全国
●生息環境／人家周辺
●特徴／体長5.5mmの、イエカ類の仲間。体色は灰褐色、胸背部は若干橙色がかる。
●生態／昼は物陰などに潜み、夕方になると雌が人家に侵入して人を吸血する。人間のほかには鳥類をよく吸血する。ボウフラはドブ川や下水、貯水槽、汚水溜めなどに生息。

仲間

コガタアカイエカ

体長4.5mm。日本全国に分布。アカイエカよりもひとまわり小型。体色は黒褐色。夜間吸血性で、人間のほかウシ、ウマ、ブタなどの大型動物を吸血する。日本脳炎ウイルスを媒介する力として知られている。

ネッタイイエカ

体長5.5mm。熱帯・亜熱帯地方に分布し、国内では奄美大島以南に生息する。体型・体色はアカイエカに非常によく似ている。夜間吸血性。

シナハマダラカ

Ⓟ P23
Ⓒ P259

水田や池などに発生し、マラリアを媒介。
かつては国内でも流行したが、
今は根絶されている

被害実例 シナハマダラカはマラリア原虫を媒介し、感染するとマラリアを発症させる。汚染地域は、インドネシア、インド、パプアニューギニア、ナイジェリア、ガーナ、タイなどの熱帯～亜熱帯地方。日本国内でのマラリアは制圧されているが、汚染地域へ旅行して感染する者は年間100人前後を数える。その中には致死率の高い熱帯熱マラリアに感染し、発見・治療の遅れなどから死亡するものも数名いる。

症状 基本的にはヒトスジシマカの項に同じ。マラリアには三日熱マラリア、四日熱マラリア、卵形マラリア、熱帯熱マラリアがあり、それぞれ一定の潜伏期間ののち、高熱、発汗、悪寒、頭痛、嘔吐、関節痛などの症状が現れる。熱帯熱マラリアの場合は、黄疸、腎不全、血液凝固異常などが生じ、脳性マラリア症状を経て死亡することもある。日本人は重症化しやすい。

予防法 ヒトスジシマカの項に同じ。被害は夏の夕方～夜間。

●分布／日本全国

●生息環境／ボウフラは水田や沼、池などに発生

●特徴／体長約5.5mm。体は茶褐色。翅に斑模様が入る。

●生態／ものにとまったり吸血したりするときに腹の末端を持ち上げるため、容易に区別できる。夜間吸血型で、ウシやウマなどの大型哺乳類を好む。

●まめ知識／日本国内では、戦後のころまで東北地方や北陸地方、愛知県などで三日熱マラリアが流行した。また、沖縄県ではコガタハマダラカが媒介する熱帯熱マラリアが流行し、多くの犠牲者を出した。これらはすべて制圧されている。

Column

観察員からの一言

海外では、航空機の中に紛れ込んだシナハマダラカに刺されてマラリアに感染する「空港マラリア」が散発。成田空港でも航空機からシナハマダラカが見つかっており、国内でマラリアが流行する可能性は否定できない。

ニワトリヌカカ

P P23
● P259

**網の目も通ってしまう
小さな吸血昆虫。
刺されるとしつこい痒みが長期間続く**

被害実例 ある年の5月末、奈良県十津川村の奈良教育大学付属演習林で、26歳の男性が夜間に野生動物を観察していたとき、懐中電灯の明かりに小さなハエのような虫が集まってきた。やがてそれらは露出している腕や首筋などあちこちを刺しはじめ、間もなくして刺された箇所がじわりと痒くなってきた。それはすぐにかいてもかいても収まらない痒みとなった。その場では虫刺され用の痒み止めを塗布したが、痒みはその後も思い出したように生じ、1年経っても痒みは残った。かきむしった跡には雑菌でも入ったのか、かさぶた状態がなかなか完治せず、10年以上が経った今もうっすらと跡が残っている。

症状 基本的にはヒトスジシマカの項に同じだが、ヌカカの場合は痒みが長引き、1週間ほど続くこともある。かきすぎると患部を化膿させてしまう。

予防法 4〜9月の薄明薄暮に活動するが、日中や夜間に刺されることも。予防法はヒトスジシマカの項に同じ。

● 分布／北海道を除く日本全国

● 生息環境／幼虫は主に水田や牧草地内の遊水池に発生。

● 特徴／体長約1.2mm。体色は暗緑黄色、暗色透明な翅には白っぽい斑紋が散在している。

● 生態／養鶏場に飛来してニワトリを吸血するため、この名がある。吸血するのは雌のみで、人も襲う。ニワトリの住血性原虫病のロイコチトゾーンという原生動物を媒介するが、人には感染しない。

● まめ知識／ヌカカ類は、ヤブカよりもずっと小さな吸血昆虫。防虫網や蚊帳の網の目もくぐり抜けてしまい、ときに襟元や袖口や頭髪の中にまで入り込んできて刺すので始末が悪い。

仲間

イソヌカカ

体長約1.5mm。北海道〜九州に分布。体色は黄褐色、胸部の背面に小黒点が散在している。その名の通り、磯（海岸や海上）で海水浴客や釣り人などを吸血する。

アシマダラブユ

P P24
P259

**渓流や小川などの清流で発生。
激しい痒みが
断続的に1〜2週間続く**

被害実例 40歳男性が北アルプスの徳沢園に幕営し、外で夕食の準備にとりかかろうとしたときに刺される。しばらくすると刺された箇所が猛烈に痒くなってきたので、とりあえず痒み止めの薬を塗ってしのいだ。その後は思い出したように痒みが再発し、2週間ほどしてようやく完治した。

症状	刺されたときには軽い痛みを感じる程度だが、しばらくすると激

しい痒みが起こり、丘疹が生じる。この丘疹の中央に小出血点が見られるのが、ブユに刺されたときの特徴。あまりの痒さにかきすぎて患部が化膿してしまうケースも多く、アレルギー症状を起こすこともある。痒みは周期的に生じ、それが1、2週間続く。

予防法	被害時期は基本的に春〜秋だが、地域によって異なる。北海

道では晩春〜夏、九州以南では通年。薄明薄暮に多発。なるべく皮膚が露出しないウェアを着用する。肌の露出部やウェアの襟元、袖口には、ジメチルフタレートまたはジエチルトルアミド配合の虫除け薬を塗る。

● 分布／日本全国
● 生息環境／山地でふつうに見られる
● 特徴／体長3〜5mm。体は黒褐色、脚部が黄色と黒の斑模様なので、この名がつけられた。
● 生態／年に数回発生し、朝夕の2回、雌が人や家畜を吸血する。幼虫、サナギともに真っ黒で、山間部の岩の多い渓流中の植物などに密集して育つ。
● まめ知識／ブユはハエに似た吸血昆虫で、地域によっては「ブヨ」「ブト」などとも呼ぶところもある。ブユ類の仲間は日本全国に約60種類が分布している。渓流や小川などの汚染されていない清流に幼虫が棲むことから、成虫もその周辺に多く見られる。

仲間

キアシオオブユ

体長4mm。北海道〜九州に分布。暗褐色の体に黄色い微毛が密生する。

アオキツメトゲブユ

体長4mm。北海道〜九州に分布。発生数が多く、春から初夏にかけて活動する。

イヨシロオビアブ

🄿 P24
🄲 P259

**薄明薄暮に激しく人を襲う。
刺されると激しく痛み、
猛烈な痒みが2～3週間続く**

被害実例 20歳女性は奥多摩の巳ノ戸谷で沢登りをしていたときに、アブの大群に襲われたことがある。肌が露出していたのは顔と手だけだったので、しゃがみ込んで小さくなり、懸命に顔をガードした。それでも隙間から入ってきたアブに、まぶたの上や耳など5箇所ほどを刺された。刺された瞬間はとても痛く、無我夢中でちぎるようにしてアブを体からはがした。しばらくして攻撃が一段落したのを見計らい、走ってその場を去った。刺された箇所はひどく腫れ上がり、持っていた化膿止めの薬を塗っておいた。腫れは2日ほどで引いたが、痒みはしばらく続いた。

症状 カ類やブユ類とは異なり、刺された瞬間に激しい痛みがあり、出血も見られる。やがて患部は赤く腫れ、翌日あたりから痒みが激しくなる。痒みは2、3週間続く。

予防法 被害が多いのは7月上旬～9月下旬で、吸血活動は薄明薄暮に活発化する。ブユの項に同じ。

●分布／北海道～九州
●生息環境／山地に多い
●特徴／体長9～12mm。比較的小型のアブ。胸背板は黒灰色で、後端が白い。黒い腹部には白い帯が数本入っている。
●生態／主に早朝や夕方の薄暗いときに人を激しく襲う。幼虫は山地の渓流沿いのコケの下や朽木の中などに生息、2年の幼虫期間を経て羽化する。羽化後、無吸血で最初の産卵をするが、産卵後は激しく人を襲うようになる。
●まめ知識／アブの発生場所は毎年決まっていて、北海道や東北、北陸の山間部では局地的に大発生することがある。北海道では、アブの活動が活発になる時間は仕事をしない「アブ休み」があったという。

仲間

ゴマフアブ

体長8～12mm。北海道、本州に分布。本州では高地のみに出現。黒褐色の胸背部に5本の縦条がある。翅に点状の斑紋をもつことから「ゴマフ（胡麻斑）」の名がついた。

そのほかのアブ類については P24参照。

オオトビサシガメ

**鋭い口吻を突き刺すカメムシの仲間。
刺されると激しく痛むが、
短時間で解消する**

情報 インターネットには刺された人の体験談が散見されるが、かなり痛いようだ。ちなみにほかの昆虫やケムシなどを捕食するサシガメの仲間は、国内でこそ害虫の天敵として知られているが、多くの種が分布する熱帯地方では、人の血を吸う吸血昆虫として恐れられているところもある。たとえば中南米にはトリパノソーマ症（シャーガス病）の病原体を媒介する大型のサシガメが生息。これに刺されて感染すると、風邪のような症状や眼瞼の浮腫が見られ、重症の場合には急性心不全で死亡してしまう。感染から10年以上が経ってから慢性疾患として発症するケースも多いという。

症状 このサシガメ類は鋭い口吻で刺してくる。刺されると強い痛みがある。そのまま放っておいても短時間で痛みは収まってしまう。場合によっては痒みなどが生じることもある。

予防法 被害は5〜9月の朝〜夕方。素手でつかまないこと。こちらから手を出さなければ、刺されることはない。

● 分布／本州・四国・九州
● 生息環境／山地の森林
● 特徴／体長20〜25mm。日本最大のサシガメ。体色は黒褐色で、体全体が白っぽい微毛で覆われている。
● 生態／樹木や木の葉の上などで活動し、太い口吻でほかの昆虫を捕食する。冬が近づくと樹皮の下や樹洞、岩の割れ目などに群がって越冬する。
● まめ知識／サシガメの仲間は肉食性で、昆虫類にそっと近づき、鋭い口を獲物の体に突き刺して体液を吸い取る。

仲間

クロサシガメ
→P25参照

ヤニサシガメ
→P25参照

ヨコヅナサシガメ
→P25参照

マツモムシ

P P25
+ -

**水中を逆さまになって泳ぐ
カメムシの仲間。
うっかり手を出すと口吻で刺される**

被害実例 なにげなく捕まえようとして手を刺される被害が多い。また、人的被害ではないものの、岡山県美咲町では有志が耕作放棄地を利用して2005年からホンモロコ（コイ科の淡水魚。もともとは琵琶湖の固有種だが、現在は各地に移植。淡水魚の中でもとくに美味とされ、高級食材として取引されている）の養殖を開始したが、放流した稚魚がこのマツモムシやヤゴに捕食される被害が発生。稚魚を放流する前には駆除を行なうなどして対処しているという。海外のラオスでも、マツモムシの仲間であるコマツモムシが養殖魚の稚魚を捕食する被害が出ている。

症状 刺されるとハチに刺されたような激痛があるが、しばらくすれば痛みは収まる。場合によっては痒みなどが生じることもある。また、胸部には臭腺があり、強く押さえたりすると刺激臭を出す。

予防法 被害報告は夏に多い。不用意に捕まえようとしないこと。

● 分布／北海道～九州
● 生息環境／平地から低山の池や沼、田んぼ、流れの緩やかな小川など
● 特徴／体長10～15mm。細長い楕円形の体型で、体色は淡い黄褐色。背面には光沢を帯びた黒色の斑紋がある。斑紋には個体差が見られる。発達した後脚をオールのように使って水中を泳ぐ。
● 生態／光を感じる方向に腹側を向ける習性があるため、背面を下にして水中を泳ぎ回る。水面に落ちてきた昆虫やオタマジャクシ、小魚などを捕え、尖った口吻を突き刺して体液を吸う。前翅と後翅が発達し、飛ぶこともできる。成虫は越冬し、4月中旬頃から水生植物などに産卵。卵は10日ほどで孵化し、幼虫は水中を活発に泳ぐ。この幼虫も肉食性。7～8月ごろ成虫になる。

仲間

ケシカタビロアメンボ

→P25参照

2

第2章／野山の危険植物

植物の中には有毒成分を持つものが少なからずある。ときにそれは薬になることもあるが、専門知識を持たない素人が中途半端に用いるのは大変危険だ。また、食用となる山菜によく似ている有毒植物も多く、誤食による中毒事故が毎年必ず起きている。中には少量で人を死に至らしめる猛毒植物もあるので、有毒のものと安全なものとをしっかり見極めるようにしたい。このほか、トゲやアレルギー成分を持つ植物にも要注意だ。

スギ

P P26
+ P259

**飛散する植物の花粉が
アレルギー症状を引き起こす。
いまだ特効薬はなし?**

被害実例　32歳女性が小学校2年生のころのこと。友だちと木の下で1時間ほど遊んで家に帰ってきた女性の顔を見て、お母さんはびっくり。顔がパンパンに腫れ上がっていたからだ。すぐに皮膚科に連れていかれて診察を受け、もらった塗り薬をつけていたら1週間ほどで完治した。その後はなんの症状も出なかったのだが、19歳のときに外でアルバイトをしていたら、突如鼻水が出てきて目も痒くなってきた。それから毎年春になると花粉症の症状が出るように。病院で検査を受けたら、マツの花粉に対してアレルギー反応が出るとの診断だった。

有毒部分　花粉症の原因となる主な植物は、スギ、ヒノキ、マツ、イチョウ、ケヤキなど。各植物の花粉が飛ぶ季節に、花粉が目や鼻などの粘膜に付着することによってアレルギー性症状が現れる。

症状　水のように流れ出る鼻水と目の痒み。このほか、くしゃみや鼻づまり、顔や首やノドの痒み、倦怠感、熱感、集中力の低下などの症状が出る。

●分布／本州〜九州。植林も広く行なわれている
●花期／3〜4月
●特徴／高さ30〜40mの円錐形の常緑高木。いたるところで見られる。樹皮は赤茶色で、縦に長くむける。針状の葉は濃緑色で光沢があり、枝に螺旋状につく。冬になると茶褐色に変色する。雌雄同株で、雌花は緑色で球形、雄花は淡黄色で楕円形。直径2〜3cmの球形の実は緑色から茶色に変わって10月ごろ成熟する。

仲間

ヒノキ

→P26参照

ケヤキ

→P26参照

ブタクサ

→P26参照

カモガヤ

高さ50〜120cm。ヨーロッパ原産のイネ科の多年草。日本全国の道端や空き地、野原などに生育。近年は山岳地にまで生育域を広げている。5月から7月にかけての早朝に花粉を飛散させる。

樹液に触れると炎症を起こす。
症状の出方は個人差があり、
そばを通っただけでかぶれてしまう人も

被害実例 西表島の浦内川支流のウタラ
川沿いをトレッキングしていた
19歳の女性は、ウルシの木の下を通っただけ
なのに首がかぶれてしまった。幸い、症状は
あまりひどくならず、2、3日で治癒した。

有毒部分 樹木全体。樹液にはアレルギー
反応を引き起こす成分、ウルシ
オールが含まれる。

症状 樹液が皮膚につくと、発疹、発
赤、腫れ、痒み、水泡などの炎
症が起きる。症状の出方には個人差が大きく、
人によっては激痛を感じる人もいるという。ま
た、触らずともウルシのそばに近寄っただけで
症状が出る人もいる。症状は、1〜2日ほど経
ってから出ることもある。腫れや痒みはなかな
か収まらず、治ったと思っても再発したりする。

予防法 とにかく触れないこと。そのため
には皮膚炎を起こすウルシの仲
間を判別できるようにしておきたい。また、長
袖、長ズボン、グローブを着用して肌の露出
を最小限に抑える。

●分布／漆採集のため各地
で栽培されている。
●花期／5〜6月。
●特徴／高さ10〜15mの落
葉高木。樹皮は灰白色。葉は
長さ30〜65cmの奇数羽状
複葉で互生する。小葉は先の
尖った楕円形で、表面につや
がある。初夏、葉の腋から花序
を出し、黄緑色の小花を房状
に多数つける。
●まめ知識／ウルシによるか
ぶれは、花粉症と同じアレルギ
ー症状である。つまりウルシの
成分に毒性があるのではなく、
ウルシの成分に対して体がア
レルギー反応を起こすわけで、
過敏症の人ほど重症となる。ま
た、1度かぶれると、次回はより
かぶれやすくなってしまう。

仲間

ヤマウルシ

→P27参照

ハゼノキ

→P27参照

ツタウルシ

→P27参照

ヌルデ

→P27参照

イチジク

P P27
P260

汁液に光過敏性の成分を含む。
光に当たると色素沈着や
湿疹などが生じる

| 有毒部分 | 汁液に光過敏症を引き起こす成分、フロクマリンを含む。その一方、イチジクにはペクチンという食物繊維が多量に含まれていて、腸の運動を活発にして便通をよくしてくれる。また、血中コレステロールや血圧の上昇を抑える効果もある。さらに、日干しにした葉をお風呂に入れれば、冷え性や神経痛などに効く。 |

| 症状 | 汁液がついた皮膚に日が当たると、日焼け、しみ、紅斑、湿疹などの光過敏性皮膚炎を起こすことがある。ペットの犬やネコも人間と同様の被害が出るので注意。フロクマリンを含む食物は、イチジクのほか、セロリ、パセリ、ニンジン、ライム、レモン、グレープフルーツなどがある。 |

| 予防法 | イチジクの果実を採るときには、汁液がつかないように注意する。あらかじめ長袖のシャツやグローブを着用するといい。汁液がついてしまったら、直射日光を浴びないようにする。 |

● 分布／果樹として各地で栽培されている
● 花期／6〜9月
● 特徴／高さ約4m。西アジア原産の落葉小高木。日本には江戸時代の初頭に中国から渡来してきた。互生する葉は大型で、掌のように3〜5つに裂けている。雌雄異株だが、日本のイチジクはすべて雌株。雌果嚢の中に小さな白い花が密生し、これが秋になると受粉しないまま暗紫色に熟す。外からは花が見えずに、果実のように見えるので、和名では「無花果」の字が当てられた。葉や茎を傷つけると乳白色の汁液を分泌する。
● まめ知識／禁断の実を食べたアダムとイヴが羞恥を感じるようになり、腰に巻いたのがイチジクの葉。この話のほかにも聖書にはイチジクが何度も登場する。また、禁断の実もイチジクだったという説もある。

イチジクの実（写真／松倉一夫）

❶ ⬤ ⬤

イラクサ

Ⓟ P28
Ⓒ P260

**刺さると折れる
ガラスの毒針に不快度100％。
独特の痛痒さがしばらく続く**

←刺毛

被害実例　野生動物の観察が大好きな38歳女性が、日光のフィールドに出掛けたときに、木陰で用を足そうとしたのだが、場所が悪かった。素肌を出したところにはイラクサがあり、お尻がちくちくして、たまらない痛痒さだった。痛みは下山しても残り、一晩過ぎてやっと症状は収まった。

有毒部分　イラクサの刺毛は繊細なガラス針のようなもので、ちょっと触れただけでも皮膚に刺さって先が折れてしまう。刺毛には、神経に作用するヒスタミン、アセチルコリン、セトロニンという刺激成分があり、これが傷口から入ることで、独特の痛みが生じる。

症状　刺毛が刺さると、ヒリヒリ疼くような猛烈な痛痒さに襲われる。患部は腫れ上がったり、ただれたりすることもある。痛みはしばらく続く。

予防法　野山では、半袖、半ズボンでの行動は避ける。草むらや藪を歩くときには、必ず長袖、長ズボンを着る。

● 分布／本州、四国、九州
● 生育環境／山地や森林、林縁など
● 花期／8～10月
● 特徴／高さ50～100cmの多年草。対生する葉は卵円形で、縁が欠刻状に深く切れ込んでいる。雌雄同株。雌花は炭緑色、雄花は白緑色で、9～10月に開花。穂状の花序を形成する。茎や葉柄、葉の表面に長さ2、3mmのたくさんの刺毛を持つ。この刺毛が刺さるとイライラするような独特の痛みがあることから命名された。

仲間

ミヤマイラクサ

高さ40～80cm。北海道、本州、九州の深山に自生する。イラクサの葉に似ているが、こちらは互生し、広卵型の葉の幅がやや狭い。イラクサ同様の刺毛と刺激成分を持つ。

ムカゴイラクサ

→P28参照

ママコノシリヌグイ

→P28参照

日本の童謡にも謳われている落葉低木。
枝にたくさんの
長くて大きなトゲを有する

情報　そのトゲはまるで天然の有刺鉄線のようなので、かつては防犯目的でよく生け垣に用いられていた。

中国では、成熟したカラタチの果実を天日乾燥したものは「枳殻（きこく）」、未成熟の果実を乾燥させたものは「枳実（きじつ）」と呼ばれ、健胃、利尿、発汗、去痰、排膿、緩下などの効果が認められている。また、果実酒にしても美味しいし、お風呂の芳香剤としても利用できる。なお、カラタチという名前は「唐の国から伝来した橘」に由来するという。

刺傷部分　枝が変化した扁平の鋭いトゲ。

症状　トゲは無毒だが、刺さったり引っ掛けたりして皮膚を傷つけてしまう。トゲが長くて大きいぶん、傷も深くなることがある。

予防法　枝を落としたり果実を採ったりするときに、トゲが刺さらないように気をつける。

●分布／日本全国の人家や川辺などに植栽されている。野生化したものも見られる。
●花期／4〜5月
●特徴／高さ約2mだが、6mになるものもある。中国原産の落葉低木〜小高木。楕円形の小葉は長さ4〜7cm、まだ葉が伸びる前の春に直径3.5〜5cmの白い花をつける。秋に黄色く熟す実は直径約3cmほど。種が多く食用にはならないが、古くから薬用としての需要がある。枝に2〜5cmの大きなトゲを持つ。このトゲの付け根に花が咲く。

仲間

ハマナス

大群落をつくり、夏に鮮やかな紅色の花を咲かせる。花は香水の原料、根と樹皮は染料として利用され、果実は食用となる。枝には長さ2〜9mmのトゲがびっしりと生えている。うっかり踏み込もうものならひどい目に遭う。　→P28参照

サンショウ

→P28参照

❶●●● タラノキ

Ⓟ P29
➕ P260

**山菜の王様として知られるが、
枝や葉に無数のトゲ。
山菜採りのときには要注意**

被害実例

ゴールデンウィーク明け、北アルプスのとある山麓に住む知人を訪ねた29歳男性。知人に案内されて山菜採りに出掛け、見つけたのが大きなタラノキ。その枝の先にはりっぱなタラノメがついていた。しかしタラノキは男性の身長よりはるかに高く、背伸びをしても手が届かない。トゲだらけの幹を慎重につかみながら、若芽をとろうと悪戦苦闘しているうちに、とうとうトゲで指を傷つけてしまった。それを見ていた男性の知人は、笑いながらズボンのベルトを外し、それをタラノキにひっかけて枝をたわませ、苦もなく若芽を摘んだのであった。

| **有毒部分** | 枝や葉にある鋭いトゲ。 |

| **症状** | トゲは無毒だが、刺さったり引っ掻いたりして皮膚を傷つけてしまう。雑菌が入ると傷は悪化する。 |

| **予防法** | 野外で行動中に、気づかずにうっかり枝などに触らないようにする。また、タラノメを採るときにはトゲが刺さらないように注意する。 |

●分布／日本全国
●生育環境／日当たりのいい山野
●花期／8〜9月
●特徴／高さ3〜5mの落葉低木。枝の先に傘のように葉を広げる。夏に直径約3mmの白い花がたくさん咲く。10〜11月には直径約3mmの黒い球形の実をつける。枝や葉に無数の鋭いトゲがある。伐採跡地や林縁、林道沿い、シーズンオフのスキー場などでよく見られる。春先に出る若芽は食用となる。

仲間

ハリギリ

→P29参照

Column

観察員からの一言

「山菜の王様」といわれるのがこのタラノメ。天麩羅にして食べるのが最高である。ただ、近年は乱獲が激しく、2番芽、3番芽まで摘んでいってしまう。そうすると木が枯れてしまうこともあるので、摘むのは1番芽のみと心掛けたい。

ノイバラ

P P29
C P260

枝や幹など全体に鋭いトゲがあり、
秋につける赤い実を食べると
食中毒を起こす

| **有毒部分** | 幹や枝にあるトゲ。また、果実にはフラボノイド配糖体のムルチフロリンが含まれる。 |

| **症状** | トゲには毒成分が含まれていないが、刺さったり引っ掻いたりして皮膚を傷つけてしまう。また、実を食べると嘔吐や下痢、呼吸麻痺などの中毒症状が起きる。小動物が多量に摂取して死亡したという報告もある。 |

| **予防法** | 草むらや藪などを歩くときには長袖、長ズボンを着用して皮膚を保護する。実は生食しない。とくに子供が口に入れたりしないように注意する。 |

Column

観察員からの一言

　ノイバラの実を乾燥させたものは「営実（えいじつ）」と呼ばれ、下剤や利尿剤として古くから用いられてきた。ただし効果は強力なので、素人は処方しないように。このほか、煎じ汁はできもの、にきび、腫れものに効くとされている。また、ノイバラの実をホワイトリカーに3〜5カ月漬け込めば、果実酒として飲用できる。実にはビタミンCが多く含まれており、健康飲料としてこれを煮出したお茶を飲む民間療法がドイツには伝わっている。

● 分布／北海道〜九州
● 生育環境／山野の日当たりのいい草地や川岸など
● 花期／5〜6月
● 特徴／高さ約2mの落葉低木。長楕円形の小葉は長さ2〜5cmで縁は鋸歯状。表面には光沢がなく、葉裏と葉軸には短毛がある。花は白く、直径約2cm。リンゴのような甘い香りがする。秋に直径6〜9mmの球形の赤い果実が実る。幹や枝に鋭いトゲを多数持つ。

仲間

テリハノイバラ

　本州以南の日当たりのいい海岸から山野にまで生育する落葉低木。地を這うように横に伸びていく。枝には鉤状のトゲがまばらにある。

→P29参照

モリイバラ

　本州の関東以西、四国、九州の、やや高い山地に生育する落葉低木。5〜6月に直径約2.5cmの白い花が咲く。赤い果実は長さ7〜11mm。枝に細長い直線的なトゲがある。

モミジイチゴ

Ⓟ P29
Ⓒ P260

**ノイチゴの中でも
一、二を争う美味しさだが、
実を摘もうとして刺される被害が多発**

情報 6〜7月に熟す実を摘むときに、うっかり群生地に踏み込んでしまい、トゲに刺されたり服を引っ掛けられたりする被害が多い。山菜採りなどで薮の中に入り込んでいったり、草の生い茂った作業道を通ったりするときにも、同様の被害が起こっている。

有毒部分 枝や葉の柄、葉の裏面にあるトゲ。トゲに毒成分は含まれない。

症状 トゲが刺さったり引っ掛けたりして皮膚を傷つけてしまう。トゲは細く短いので、引っ掻き傷程度ですむかもしれないが、群生地に入り込んだりしてしまうと大変なことになる。

予防法 果実を採るときは、手やウェアをトゲに引っ掻かれないように注意。溶接用の手袋をすると手にトゲが刺さらない。事前に草むらや薮の中を歩くことがわかっているのなら、モミジイチゴなどの有刺植物から肌を守るために、長袖や長ズボンを着用するのが賢明だ。

● 分布／本州中部地方以北
● 生育環境／低山や里山など。日当たりのいい道端や荒地などでよく見られる。
● 花期／4〜5月
● 特徴／高さ1〜2m。バラ科の落葉低木。互生する葉は卵形で3〜5つに裂ける。縁には不揃いの鋸歯がある。この葉がモミジの葉に似ていることが名前の由来。葉の腋にぶら下がるように、五弁の白い花が下向きに咲く。食用となる果実は直径1cmほどで、6〜7月にオレンジ色に熟す。枝や葉の柄、葉裏の葉脈には、細く短いトゲがある。別名「キイチゴ」。また、本州中部以西〜九州に自生するモミジイチゴは「ナガバモミジイチゴ」と呼ばれる。

モミジイチゴの葉

● まめ知識／甘酸っぱい味はノイチゴ類の中でも美味しい部類に入るとされ、生食されるほか、ジャムや果実酒などにも使われる。

仲間

ナワシロイチゴ

→P29参照

アジサイ

Ⓟ P30
Ⓞ P260

**料理の飾りに盛りつけられた葉を
食べて食中毒に。
毒成分はいまだ不明**

被害実例 2008年6月、茨城県つくば市の飲食店で、料理に添えられていたアジサイの葉を食べた10人中8人が食後30分ほどして吐き気やめまいなどの食中毒症状を訴えた。また、同年同月、大阪市の居酒屋では、男性客がだし巻き卵の下に敷かれていたアジサイの葉を食べ、40分後に嘔吐や顔面紅潮などの中毒症状を起こした。いずれのケースも重症にまでは至らず、2、3日以内に全員が回復した。

有毒部分 葉や根に青酸配糖体が含まれると考えられているが、定かではない。上記の食中毒事故を機に検証が進められたが、毒性成分はいまだ明らかになっていないという。

症状 食後30〜40分後に、顔面紅潮、めまい、嘔吐、痙攣、昏睡、呼吸麻痺などの中毒症状が現れる。

予防法 大葉に似ていることから、見栄えをよくするために、刺身のツマのように皿に盛りつけられることがあるが、料理に使用してはならない。

●分布／日本全国で栽培
●花期／6〜7月
●特徴／ユキノシタ科の落葉低木で、高さ1〜2mの株立ちになる。対生する葉は広卵形または楕円形。光沢のある淡緑色で、葉脈がはっきりしていて、縁は鋸歯状になっている。梅雨どきに紫色の花を多数咲かせる。花びらのように見えるのは萼片が大型化した装飾花で、果実はできない。花の色は土壌の性質（酸性だと青、中性〜アルカリ性だと赤）や品種によって異なり、青、赤、紫、ピンク、白などバリエーションに富んでいる。

Column

観察員からの一言

　一般にアジサイと呼んでいるのは、ガクアジサイを母種として生まれた日本原産の園芸品種の総称で、奈良時代からあったといわれる。ガクアジサイは、密集した両性花の周囲を装飾花が取り囲んでおり、それが額縁のように見えることから名付けられた。その両性花がすべて装飾花に変化したものがアジサイである。

アズマシャクナゲ

🅿 P30
🅲 P260

痙攣性の毒成分を含有。
自分で乾燥させた葉を煎じて飲み、
中毒症状を引き起こす

被害実例　2008年5月、50歳代の女性が知人からもらったシャクナゲの葉を乾燥させ、自宅で煎じて飲んだところ、30分後にクシャミや鼻水が出はじめ、次第に手足が冷たくなって血圧が下がっていった。このため病院での受診後、入院の措置がとられた。女性は一度に500mlの煎液を飲んだことにより、顕著なショック症状が現れたと考えられる。

有毒部分	葉に痙攣性の毒性を有するジテルペン系化合物のロードトキシン（アンドロメドトキシン）などを含む。
症状	血圧降下、痙攣、嘔吐、手足の麻痺、呼吸困難など。
予防法	「石南花」と表記されるシャクナゲは、古くから民間の利尿薬としてリウマチ、痛風などに用いられていたが、

飲み過ぎると痙攣を起こす。また、漢方の利尿・強壮剤「石南葉」（オオカナメモチの乾燥した葉）と混同され、自分で葉を乾燥させて飲用することによる事故も散見される。生半可な知識で安易に飲用しないこと。

●分布／主に宮城県南部から中部地方
●生育環境／山地や亜高山の林内
●花期／5～6月
●特徴／高さ2～4mの常緑小高木。葉は、長い楕円形で、表面には光沢があり、裏面には灰褐色の軟毛が生える。花は漏斗状で径4～5cm。花冠は5裂し、雄しべが10本、雌しべが1本ある。花の色は赤～ピンク系で、開くと淡い色になる。ときに白色の花もある。

仲間

ホンシャクナゲ

高さ2～4mの常緑小高木。本州中部～四国の低山～亜高山帯に生育する。互生する葉は楕円形で、花冠は7裂するのが特徴。夏期は5～8月。花の色はピンク～紅紫、あるいは白で、濃淡には差が見られる。

レンゲツツジ

高さ1～2m。北海道南部～九州の山地の草原、牧場などに生育。葉は長い楕円形で、縁と表面に短毛が生える。夏期は5～6月。花の色は白、黄、赤などさまざま。

アセビ

P P30
+ P260

公園や庭にも植えられるが、
馬も昏倒する有毒植物。
ペットや家畜が誤食する事故が散見

↑若葉
→花

被害実例　アセビによる中毒事故は動物の被害が散見される。アメリカのカリフォルニア州では1978年、ヒツジたちが野生種のアセビの仲間を食べて200頭が食中毒にかかり、激しい下痢や嘔吐を繰り返した末、2頭が死ぬという事故が起きている。人の症例は少ないようだが、アセビは花の蜜にも毒成分が含まれ、ハチミツを介して中毒事故が起こることもある。なお、アセビの和名は「馬酔木」という漢字が当てられているが、これはアセビを食べた馬が毒でフラフラになったことからきているという。

有毒部分　全株が有毒。とくに新葉に毒成分が多く含まれている。主な毒成分はアセボトキシン。

症状　誤食すると、腹痛、嘔吐、下痢、神経麻痺、四肢痙攣、呼吸困難、腸からの大量出血などの中毒症状が現れる。回復は早く、致命率は低い。

予防法　誤食しないこと。公園や一般家庭の庭などにも植えられているので、子供が口に入れないように注意する。

●分布／本州の山形県以西、四国、九州
●生育環境／乾燥した山地。庭園や公園にも植えられる。
●花期／3〜5月
●特徴／高さ2〜9mの常緑低木〜小高木。互生する葉は長さ3〜8cm、硬くて光沢があり、縁は細かい鋸歯状になっている。春にスズランに似た白い花が垂れ下がって咲く。上向きにつく実は直径5、6mmの扁球形。若い実は青っぽいが、9〜10月ごろには灰褐色に熟す。

仲間

ネジキ

　高さ約5m。本州の岩手県以西、四国、九州に分布する落葉低木。アセビと同じツツジ科の植物で、幹がねじれていることから名がついた。6月ごろ、やはりスズランに似た白い花を吊り下げる。毒部位は葉、とくに若葉にリオニアトキシンやリオニオールなどの毒成分が多く含まれていて、誤食すると嘔吐や運動麻痺、呼吸中枢麻痺などが起こる。

●❶● アゼムシロ（ミゾカクシ）

P P30
P P260

**セリやヨモギの採取中に
混入する恐れあり。
全草に毒成分のアルカロイドを含む**

| **有毒部分** | 全草にロベリンなどのアルカロイドを含む。アルカロイドというのは塩基性窒素を含む有機化合物の総称で、植物界に広く分布し、少量で動物に強い作用をもたらす。ケシ科、キョウチクトウ科、ツツラフジ科、ユリ科、ヒガンバナ科、マメ科、キンポウゲ科、アカネ科、ナス科など、主に双子葉植物に多く存在する。代表的なものとしては、モルヒネ、キニーネ、コカイン、ニコチン、アトロピン、ストリキニーネなどが挙げられる。これらは古くから医薬品や農薬として使われてきたが、用量や使用法によっては毒にもなり、常用すると中毒に陥るものもある。

| **症状** | 誤食すると胃腸の痙攣、嘔吐、呼吸中枢の麻痺などを引き起こす。

| **予防法** | セリ、ヨメナ、ヨモギなどの食用植物を摘んでいるときに混入する可能性があるので、個体の特徴をよく覚えておいて摘まないようにする。

●分布／全国各地
●生育環境／水田や湿地など
●花期／6〜11月
●特徴／高さ10〜15cmの多年草。茎は枝分かれしながら地面を這うようにして伸びる。花は紅紫色を帯びた白色で、長さは1cmほど。扇を開いた形に深く5つに切れ込んでいて、両端の花びらは外側に開く。葉はまばらに互生する。田んぼのあぜによく見られるので、この名がついた。ミゾカクシという別名は溝辺に多いことによる。
●まめ知識／同じキキョウ科のキキョウは、毒草ながら食材や漢方薬にも使われている。食用とする場合は、茹でたり水にさらしたりするなど、毒成分をしっかり取り除いてから調理する。

仲間

キキョウ

高さ50〜100cmの多年草。花期は7〜8月。北海道〜九州の、日当たりのいい山野や野原などに生育。美しい青紫色の花をつけ、園芸種としても人気が高い。毒は全草にあるが、とくに根に多い。

エゴノキ

● P30
● P260

**果皮にエゴサポニンを含む。
スダジイの実と
誤食しないように要注意**

有毒部分　果皮に有毒物質のエゴサポニンを含む。ピーク時には種子内にも果皮と同じぐらいの量のエゴサポニンが含まれているが、11月を過ぎると急激に減少するという。

エゴサポニンはいわゆる「えぐい」味がするので、エゴノキと名づけられた。かつては洗濯石鹸代わりに使用されていたほか、エゴノキの実をすりつぶして海に流し、魚を麻痺させて獲る漁法も各地で行なわれていた。なお、硬い殻に包まれている種子はお手玉の中に入れるといい音がする。また、エゴノキの材は粘り強いため、背負い籠や輪かんじきなどに利用されていた。

症状　ノドや胃の粘膜をただれさせるうえ、溶血作用もある。

予防法　スダジイの実などと間違えて誤食しないように気をつける。

● 分布／日本全国
● 生育環境／雑木林など
● 花期／5～6月
● 特徴／高さ7～15mの落葉高木。樹皮は滑らかな暗紫褐色。互生する葉は長楕円形で、縁に小鋸歯がある。枝の先にたくさんの白く小さな花をつける。花は長い花柄があるため垂れ下がり、木の下から眺めるととても美しい。花のあとには長さ1～1.3cmの卵形の果実をつける。果実が熟すと果皮は裂けて落ち、褐色の種子が現れる。

エゴノキの実
（写真／松倉一夫）

スダジイの実
（写真／松倉一夫）

実が似ている植物

スダジイ

大きなものは高さ30mになる常緑高木。本州、四国、九州の山地に生育する。秋に長さ1.5～1.8cmの円錐状の実をつける。実は食用となる。エゴノキの実はスダジイの実よりふたまわりほど小さいが、似ていないこともなく、誤食してしまう可能性もあるので注意したい。

→P30参照

エニシダ

**呼吸麻痺や心臓麻痺をも
引き起こす有毒物質を全草に含む。
誤食しないように**

●分布／観賞用として庭園や公園などで栽培されている

●花期／5月

●特徴／高さ2〜3m、地中海沿岸原産の落葉低木。緑色の枝は箒状に分かれて先端が垂れ下がる。葉は3つの小葉からなるが、花のつく枝先では側小葉が退化して頂小葉のみになることが多く、単葉に見える。長さ約2cmの花は鮮やかな黄色で、蝶のような形をしている。花が終わると長さ4〜5cmの豆果となり、黒褐色に熟す。

| **有毒部分** | 全草にアルカロイドのスパルテインを含む。とくに葉や茎、種子 |

に多く含まれる。その一方で強心作用や麻酔作用があり、昔から医薬品として強壮や利尿、不整脈の改善などに用いられてきた。

| **症状** | 誤食すると、胃腸の痙攣、皮膚炎、悪心、嘔吐、視覚異常、頭 |

痛、運動神経麻痺、血圧降下などの症状が出て、呼吸麻痺や心臓麻痺で死亡することもある。

| **予防法** | 誤食しないように注意する。また、素人が民間療法に用いるの |

も厳禁。

Column

観察員からの一言

エニシダの雄しべと雌しべは翼弁と竜骨弁に包まれていて、ハチなどの昆虫が花に止まるとその重みで花弁が開き、雄しべが昆虫に絡みついて花粉まみれにする。この巧妙な仕掛けによって、雌しべへの受粉が促進させられる。軽く花弁に触れてみると、その様子が観察できる。なお、中世のヨーロッパには、魔女がまたがって空中を飛んだ箒はエニシダでつくられていたという伝説が伝わっている。実際、ヨーロッパではエニシダでつくった箒が一般的に使われていたという。

オオツヅラフジ

Ⓟ P31
Ⓒ P260

**ヤマブドウと間違えて実を食べないように。
誤食すると痙攣や
中枢神経麻痺などを起こす**

オオツヅラフジの実
（写真／takun243）

● 分布／本州の関東以西
● 生育環境／暖地の山林
● 花期／7月
● 特徴／大きなものでは茎の長さ10m、太さ3cmにも達する落葉ツル性植物。葉は長さ6〜15cmで、円形または腎形。光沢があって硬く、表面は無毛。若いうちはカエデの葉のように角があるが、老木になると丸くなる。夏、円錐花序に淡緑色の小さな花がたくさん咲く。雌雄異株。秋に熟す実は直径6〜7mmの球形で、色は藍黒色。ブドウの房のようになる。表面は白い粉で覆われている。
● まめ知識／オオツヅラフジとヤマブドウを見分けるポイントは、葉裏の毛の多さ。ほぼ無毛のオオツヅラフジに対し、食用となるヤマブドウやエビヅルには軟毛が密生する。

| 有毒部分 | 全株にシノメニンなどのアルカロイドを含む。とくに根茎に多いといわれている。 |

なお、オオツヅラフジの根や根茎、茎を輪切りにして乾燥させたものを漢方で「防已」という。防已は関節痛やリウマチ、神経痛の鎮痛薬として用いられるほか、下半身の浮腫、間接浮腫、腹水に対する利尿の効果も認められている。ただし作用は強力で、正しく処方しないと中毒を起こす。

| 症状 | 誤食すると、痙攣や中枢神経麻痺、痒み、血圧降下などの症状が出る。 |

| 予防法 | ヤマブドウやエビヅルと間違えて誤食しないように注意する。 |

素人判断での漢方薬としての使用は避ける。

仲間

アオツヅラフジ

ツル性の落葉樹。日本全国の山野に生育し、とくに藪に多く見られる。互生する葉は卵型あるいはハート型で、不規則に切れ込むことがある。7〜8月に淡黄色の小さな花を咲かせる。秋になるとオオツヅラフジに似た直径6、7mmの、白い粉を吹いたような黒褐色の実をつける。→P31参照

オキナグサ

⑫ P31
⊕ P260

誤食すると胃腸障害をもたらす
絶滅危惧種。
汁液が皮膚につくだけでも皮膚炎に

情報 　根を乾燥させたものは漢方で「白頭翁」と呼ばれ、下痢や閉経などに効果があるとされる。

　かつては草地にふつうに見られた種だが、現在は環境省の絶滅危惧Ⅱ類に指定されるほどに野生種は少なくなっている。園芸店にはたまに出回ることがあるようだが、鉢植えで販売されているものの多くはヨーロッパ産のセイヨウオキナグサだ。種の保護の意味でも中毒防止の意味でも、野生のものは採取しないように。

有毒部分 　全草にプロトアネモニンが含まれている。

症状 　葉や茎の汁液に含まれるプロトアネモニンが皮膚に付着すると、肌の弱い人は水泡が生じることがある。誤食したときには胃腸が炎症を起こし、吐き気や腹痛、下痢などの症状が現れ、場合によっては心停止に至る。

予防法 　野生のものを見つけても摘まない。また、ほかの山菜と間違えて誤食しないように注意する。

●分布／本州、四国、九州
●生育環境／山地の日当たりのいい草地
●花期／4〜5月
●特徴／高さ10〜35cmの多年草。根元の部分から長い柄を持つ数枚の葉が出る。花は暗赤色で、長さ3〜4cmの鐘形。下向きに開花するが、やがて上を向くようになる。全体に白い毛が密生する。そう果は球状に集まり、先端に花のあと長く伸びた花柱が残る。花柱には灰白色の羽毛が密に生えており、それが翁の頭髪のように見えるのが名前の由来だ。

Column

観察院からの一言

　オキナグサの個体数が減少した要因としては、生育環境である草地の管理がなされなくなって、別の植生に変化していったこと、開発により草地そのものが減少してきたこと、そして園芸目的での盗掘が多発したことなどが挙げられている。

オシロイバナ

❶○○○

P P31
C P260

**全草にトリゴネリンを含む。
子供が遊びで種子を口にすると
中毒症状を起こす**

オシロイバナの種子（写真／松倉一夫）

| 有毒部分 | 全草に窒素化合物のトリゴネリンを含む。とくに根や種子に多い。 |

オシロイバナの根は、生薬として利尿や関節炎や水腫などに処方される。また、葉は切り傷やタムシの薬として用いられる。

| 症状 | 誤食すると、嘔吐や腹痛、激しい下痢を起こす。致命的な症 |

状には至らない。ペットのイヌやネコなどが食べたり、ウサギやハムスターなどの草食動物にエサとして与えたりして中毒症状を起こすケースも散見される。

| 予防法 | 誤食しないこと。子供が遊びで種子を口に入れたりしないよう |

に目を行き届かせる。

●分布／日本全国。市街地や人里などで栽培されている。暖地では野生化している
●花期／7〜9月
●特徴／高さ1m。熱帯アメリカ原産の多年草で、水はけのいい日なたを好む。江戸時代に渡来し、観賞用として植栽されてきた。枝分かれして横に広がり、対生の葉は卵形で先が尖る。花の色は紅、ピンク、黄色、白など多彩。夕方になると咲きはじめ、明け方に閉じる夜行性の花で、英名では「four-o'clock」と呼ばれている。花のあとに黒い小さな種子をつける。種子を割ると白い粉（胚乳）が出てくるが、江戸時代にこれをおしろい代わりに使って化粧していたことが名の由来。

Column

観察員からの一言

オシロイバナは丈夫で繁殖力が強く、病気や害虫の被害もほとんどないため、ベランダのガーデニングでも簡単に育てられる。園芸培養土と種を買ってきてプランターや鉢にまけば、1週間ほどで発芽し、7月ごろから花をつけはじめる。枯れたあと、根の凍結と乾燥を防いで冬を越せば、翌年、再び芽を出す。

オニシバリ

**鉢植えでも販売されるが、
アイヌの人々が矢毒に用いたのと同様の
毒成分を含む**

オニシバリの実

- ●分布／本州の福島県以西、四国、九州
- ●生育環境／山地や丘陵など
- ●花期／3〜4月
- ●特徴／高さ約1m。落葉小低木。互生する葉は長さ5〜10cmで細長い。春に咲く小さな黄緑色の花はジンチョウゲに似ている。花びらのように見えるのは萼。開花期にはあたりにいい香りが漂う。雌雄異株。秋に葉が出て越冬し、夏に葉が落ちることから「ナツボウズ」の異名もある。秋にグミのような赤い実(長さ約8mm)をつける。
- ●まめ知識／オニシバリという名前は、茎が強靭で鬼でも縛れるという意味。これにあやかり、最近はオニシバリの鉢植えが「魔除けの木」として販売されている。

| **有毒部分** | 全草にメゼレインを含む。とくに樹皮と果実に多い。また、同じジンチョウゲ科で主にヨーロッパ原産のセイヨウオニシバリには同種の猛毒が含まれている。

| **症状** | 赤い果実には辛味があり、誤食によって胃腸障害や体の麻痺を引き起こす。また、汁液が皮膚に付着すると、皮膚炎が生じる。過敏症の人は枝を手で触っただけでも湿疹が生じる。ツグミなどの鳥は毒に対する耐性があるようで、実を食べても中毒にはならない。

| **予防法** | 見つけても触ったり茎を折ろうとしたりしないこと。赤い実はいかにも美味しそうに見えるが、絶対に食べてはならない。

仲間

ナニワズ

高さ0.8〜1m。オニシバリの亜種で、北海道および本州の石川県以北に分布。全草にオニバシリと同様の有毒物質が含まれるものと見られている。

オニドコロ

Ｐ P32
Ｏ P260

胃腸炎などを
引き起こす
毒成分を根に持つ。
食用となる
ヤマノイモとは
しっかり見分けを

↑オニドコロ　　↑ヤマノイモ

●分布／日本全国の山野
●花期／7〜8月
●特徴／多年草のツル性植物で、ほかの樹木などに絡みついて伸びる。互生する葉は丸いハート型で先が尖っている。葉の腋から長い花序を出し、淡黄緑色の小さな花を多数咲かせる。雌雄異株。雄花序は直立。雌花序は垂れ下がり、秋に果実を結ぶ。

情報

昔は根茎を砕いて川に流し、魚を獲ったという。毒成分のある根は苦くてとても食べられたものではないが、東北地方では若い根をアク抜きして食べる習慣があるという。また、曲がった根を老人にたとえ、長寿を祝うために正月の飾りに使う地方もある。なお、オニドコロの根を日干しにしたものは「萆薢(ひかい)」と呼ばれる生薬になり、風邪やリウマチ、関節痛などに効くとされる。

有毒部分｜根にステロイドサポニンのジオスチンなどを含む。

症状｜溶血作用があり、嘔吐、出血性胃腸炎、腹痛、麻痺などを引き起こす。

予防法｜食用となるヤマノイモと間違えないようにする。また、専門的な知識を持たない者が安易に漢方や食用に使用してはならない。

Column

葉が似ているヤマノイモ

ヤマノイモはツル性の多年草で、本州〜沖縄まで分布。「ヤマイモ」「ジネンジョ」などとも呼ばれている。葉の腋に食用となる黒褐色のムカゴをつける。また、長さ1m以上にもなる根茎も美味。オニドコロとの区別は、葉を見れば一目瞭然。ヤマノイモの葉はもっと長細くて対生しているのに対し、オニドコロの葉は互生している。また、オニドコロの根茎はヤマノイモのような太いヤマイモ状にはならない。

キツネノボタン

● P32
● P260

セリやゲンノショウコと間違いやすい。
誤食すると食中毒を、
汁液が付着すると皮膚炎を引き起こす

↑キツネノボタン　　　↑セリの葉

被害実例

昭和63年、青果店で購入したセリにドクゼリが混入していたようだという報告があり、鑑定を行なった結果、キツネノボタンであることが判明した。

また、食中毒だけではなく、キツネノボタンの汁液は皮膚炎も引き起こす。65歳の女性が左膝の関節痛に対し、水洗いしたキツネノボタンを患部に貼付したが、2時間後に患部に紅斑が認められた。同様のケースで、痛みや灼熱感が生じたという報告もある。

その一方で、豆粒大に切った葉を手首の内側に5～10分ほど貼りつけておくと、扁桃炎に効果があるという民間療法も伝わる。

有毒部分　全草にプロトアネモニンを含む。とくに花に多い。

症状　誤食すると胃腸のただれ、腹痛、嘔吐、下痢、血尿、痙攣、瞳孔散大などの症状が現れる。汁液が皮膚に付着すると赤く腫れて水脹れとなる。

予防法　食用となるセリやゲンノショウコ、ニリンソウと間違えやすいので、山菜摘みの際には要注意。

● 分布／日本全国
● 生育環境／田の畦など
● 花期／4～7月
● 特徴／高さ15～60cm。多年草。葉は3つの小葉に分かれ、小葉には1、2箇所に深い切れ目が入っている。この葉がボタン（牡丹）の葉に似ており、またキツネが住むような野原に生えることから命名されたという。

仲間

ケキツネノボタン

→P32参照

ウマノアシガタ（キンポウゲ）

→P32参照

> **Column**
>
> **間違われる植物**
>
> キツネノボタンに似る食用の植物として、セリとゲンノショウコがある。セリ（P32参照）は葉先が鋸歯状で、キツネノボタンのように深く3裂していない。なによりセリ独特の香りで区別できる。また、ゲンノショウコ（P32参照）は花の色が黄色ではなく紅紫～白。

キョウチクトウ

**心臓麻痺を引き起こす
強力な毒成分を含有。
樹液が皮膚につくだけでも皮膚がかぶれる**

●分布／日本全国

●花期／6〜9月

●特徴／高さ3〜4m。江戸時代中期に渡来したインド原産の常緑低木。葉は長さ6〜20cm、細長で厚ぼったく、光沢がある。花は筒状鐘形で、直径4〜5cm。色は淡紅色が一般的だが、紅色や白色のものも見られ、また八重咲きや四季咲きもある。開花期には周辺に芳香が漂う。果実は長さ10〜14cmの細長いさや状で、熟して褐色になる。中には両端に淡褐色の長い毛が密生する種子がたくさん入っている。

●まめ知識／キョウチクトウは寒さや暑さ、大気汚染、潮風に強く、近年は市街地や工場地帯、高速道路沿いなどの緑化植物として盛んに植樹されている。

被害実例 20歳男性が西表島の浦内川をカヌーでツーリングしたときのこと。支流を漕いでいたときにプカプカと浮かんでいたのが球形のきれいな木の実。「なんの実だろう」と思って拾い上げて割ろうとしたら、傷つけた箇所から乳白色の汁液が出てきて手につき、しばらくするとそこがかぶれてきた。幸い大したことなく完治したが、あとでそれがミフクラギ（オキナワキョウチクトウ）の実であることを知った。

有毒部分 心臓に作用する強心配糖体のオレアンドリンやアディネリンを全株に含む。茎や葉を傷つけたときに出る乳白色の汁液にも毒成分がある。

症状 毒成分が体内に入ると、嘔吐、腹痛、下痢、激しい痙攣、呼吸麻痺などが生じ、重症の場合は心臓麻痺を起こして死んでしまう。また、樹液が皮膚につくと皮膚がかぶれる。

予防法 誤食しない。茎を箸やバーベキューの串代わりに使用しない。手に樹液がついたらすぐに洗い流す。

Column

観察員からの一言

　スリランカなどでは、自殺目的で服用して中毒する者が毎年数千人にものぼり、社会問題になっているという。野外では周囲にある木の枝や茎を調理や食事に使わないことである。

クサノオウ

Ⓟ P33
Ⓒ P260

黄色い汁液は「食べるな!」のサイン。
食中毒と皮膚炎を引き起こし、
重症の場合は死に至る

被害実例

海外での事例だが、イタリアで22歳の女性が、ダイエット用のハーブ抽出物を数回使用したところ、黄疸や掻痒、微熱を伴う腹痛、嘔吐などの症状が現れた。医療機関での診察結果は、薬物誘発性肝障害。女性が使用したダイエット製品には、「クサノオウが含まれている」という表示があった。

有毒部分

ケリドニン、プロトピン、ベルベリンなど、全草に20種以上のアルカロイドを含む。

症状

誤食すると呼吸麻痺、胃腸のただれ、嘔吐、痙攣、神経麻痺などの症状が出る。摂取量によっては死亡することもある。また、汁液が皮膚につくとピリピリとした感じがあり、目や傷口に入った場合にはひどく痛んで炎症を起こす。

予防法

葉や茎が柔らかそうで食べられそうに見えるが、茎を折ってみて黄色い汁が出たら絶対に手を出してはならない。この汁は皮膚炎を生じさせるので触らないこと。

● 分布／北海道〜九州
● 生育環境／田畑や道端、草地など
● 花期／5〜7月
● 特徴／高さ30〜80cmの越年草。茎や葉裏などに縮れた長い毛が密生する。茎は中空で分枝する。葉は互生し、羽状の深い切れ込みが入っていて、キクの葉によく似ている。枝先に4弁の黄色い花が数個咲く。葉や茎を傷つけると刺激臭のある黄色い汁液が出る。

仲間

ヤマブキソウ

→P33参照

Column

観察員からの一言

クサノオウの名前は、根や茎を切ったときに黄色い汁が出ることによる（草の黄）。あるいは、皮膚の湿疹を治す生薬として古くから用いられてきたことから、「瘡の王」（瘡というのは、できものや湿疹のこと）と呼ぶという説もある。鎮痛作用や麻痺作用もあり、海外では肝臓の民間療法に使われていたという。

クラクラするほど苦い根は
古くから漢方薬に。
ただし分量を誤ると中毒症状を起こす

クララの根

●分布／本州、四国、九州
●生育環境／日当たりのいい草地や道端、河原など
●花期／6～7月
●特徴／高さ80～150cm。多年草。根元から何本も出た茎の先に多数の淡黄色の花が穂状につく。茎と葉には細かい毛が生えている。花後、7～8cmほどの長いサヤ状の豆果をつける。名前の由来は、根を噛むと目がくらむほど苦いことによる。

有毒部分　根にマトリン、種子にシチシンなどのアルカロイドを含むほか、茎にも毒成分がある。

　クララの根を日干しにしたものを漢方では「苦参」と呼び、解熱、消炎、鎮痛、健胃などの薬として用いられている。また、古くから害虫駆除にも利用されていて、現在も環境にインパクトのない農薬の開発が続けられている。

症状　誤食すると嘔吐、腹痛、下痢、視覚聴障害、意識不明、痙攣、呼吸麻痺などが起きる。大量に摂取した場合は死亡することもある。

予防法　誤食しないように注意する。素人による漢方薬としての使用は避ける。

> **Column**
>
> **クララしか食べない
> オオルリシジミ**
>
> 　シジミチョウの仲間のオオルリシジミは、瑠璃色の羽を持つ美しいチョウであるが、環境省の絶滅危惧I類に指定されており、現在は長野県と九州の阿蘇、九重のごくかぎられた地域に亜種が生息するのみとなっている。このオオルリシジミの幼虫は、クララしか食べない。つまりクララが生えている場所にしか生息できないわけである。ところがクララの生育場所となる草地が、護岸工事や公園整備、農薬散布などによって激減。このことが絶滅危機の大きな一因となっている。

クロウメモドキ

🅟 P33
🅞 P260

**ヤブドウに似た
黒い実の誤食に注意。
下痢を引き起こす毒成分を有する**

↑実

●分布／本州の関東・中部地方、九州北部
●生育環境／山地
●花期／4〜5月
●特徴／高さ2〜6m。よく枝分かれする落葉低木。先が尖った小枝を持つ。対生する葉は倒卵形で、長さは2〜8cm。先が尖り、縁は浅い鋸歯状になっている。雌雄異株で、春に直径4mmの淡黄緑色の花をつける。秋には直径6〜8mmの黒い球形の実をつける。

情報 漢方ではクロウメモドキの実を干したものを「鼠李子」と呼び、下剤や利尿剤として用いられる。新鮮なものを服用すると中毒症状が現れるので、採取してから1年以上経ったものを使用する。また、同じクロウメモドキ科の仲間でも、ナツメの果実やケンポナシの果柄は食べられる。

有毒部分 果実に下痢を引き起こすアントラキノン誘導体が含まれる。

症状 誤食すると吐き気、腹痛、下痢などを引き起こす。

予防法 ヤマブドウの仲間やナツハゼなど、食べられるほかの黒い実と間違えて誤食しないようにする。素人知識による漢方薬としての使用は避ける。

Column

果実が似ている植物

果実が似ていて食べられる植物に、ヤマブドウとナツハゼがある。ヤマブドウは北海道、本州、四国に生育する落葉ツル性植物で、食用となる果実は直径8mm。10月ごろ、黒紫色に熟する。クロウメモドキは落葉低木、ヤマブドウはツル性植物なので、容易に区別できる。

また、ナツハゼは北海道〜九州の山地や丘陵に生育する落葉低木。高さ2〜3m。晩夏に熟す実は直径7〜9mmの球形で、酸味があって果実酒に向く。トゲ状の小枝のあるなしにより、クロウメモドキとは区別ができる。

グロリオサ

Ⓟ P33
Ⓒ P260

**全草に有毒アルカロイドを含む。
ヤマノイモやナガイモと間違えて
誤食する事故が目立つ**

被害実例 2006年8月下旬、高知市内の男性が自宅に植えてあったヤマノイモといっしょに誤ってグロリオサも掘り出してしまい、両方ともすり下ろして食べた結果、コルヒチン中毒によって死亡した。その翌年の10月下旬には、静岡県の男性が自宅に植えてあったグロリオサをヤマノイモと間違ってすり下ろして食べ、やはりコルヒチン中毒により命を落としている。

有毒部分 全草に有毒アルカロイドのコルヒチンを含有。

症状 摂取後、数時間以降に発症する。口腔や咽頭の灼熱感、発熱、嘔吐、下痢、背部疼痛、呼吸困難、急性腎不全などの症状が現れ、場合によっては死亡することもある。

予防法 ヤマノイモと間違えないように注意すること。グロリオサの球根はすり下ろしても粘り気がないので、容易に区別できる。また、ヤマノイモの表面はゴツゴツしてヒゲ根が生えているが、グロリオサの表面は滑らかで、ヒゲ根がない。

●分布／園芸種として全国各地で栽培されている。

●花期／7～9月

●特徴／アフリカ南部が原産の園芸植物。半ツル性多年草で、高さは1～1.5m。ときに3mになることもある。対生する葉は卵形。葉先は巻きひげとなってほかのものに絡みついて這い上がるので、英語では「クライミングリリー」と呼ばれている。花は黄色に縁どりされた鮮やかな赤色のものが多い。6枚の花弁は反り返っている。地下に太いイモのような球根を形成する。球根は細い棒状で二又に分かれる。別名「きつねゆり」「ゆりぐるま」。

●まめ知識／自生国では有毒植物として知られており、1980年代のスリランカでは自殺目的で摂取された事例が報告されている。また、インドにおいてはしばしば自殺に利用されるという報告もある。一方でグロリオサは、胃腸薬など薬用としても利用されてきた。スリランカのインド伝統医学においては、毒蛇の咬傷治療に用いられることもあるという。

❶❶❶ ケシ

Ⓟ P34
Ⓒ P260

毒にも薬にもなるヨーロッパ原産種。
個人での栽培は厳禁。
野生化種にも手を出すな

ケシの実

| 有毒部分 | 茎、葉、未成熟果実にモルヒネ、コデインなど20種以上のアヘンアルカロイドが含まれている。アヘンアルカロイドを含むケシは、主に「ソムニフェルム種」と「セチゲルム種」の2種で、日本では「あへん法」により栽培が規制されている。ただし、麻薬用に広く栽培されているのはソムニフェルム種。セチゲルム種はほとんど栽培されていない。

| 症状 | アヘンには中枢神経や呼吸や平滑筋を麻痺させる作用があり、鎮痛・鎮痙・鎮咳などの医療目的に広く使われている。しかし、使用法を誤ると、頭痛、嘔吐、痙攣、昏睡、呼吸麻痺、心臓麻痺などを引き起こして死に至る。常用して中毒化すれば、手足が震えたり幻覚を見たりするなどの禁断症状が出て、廃人同様になってしまう。

| 予防法 | 栽培種が野生化して河原や野原などで群生していることがあるので、見つけたら最寄りの警察か保健所に連絡する。

●分布/栽培種のみ。法律により一般の栽培は禁じられている
●花期/5〜6月
●特徴/高さ1〜1.7m。ヨーロッパ原産の多年草。茎と葉は白緑色。互生する葉は上のものほど小さくなる。花の色は赤、白、ピンク、紫などで 一重咲きと八重咲きがある。白緑色または茶色の果実は楕円形でタマゴ大にまで育つ。この未成熟の果実に刃物で傷をつけ、分泌される乳白色の液からアヘンが精製される。
●まめ知識/同じケシの仲間でも、オニゲシやヒナゲシなどはアヘンアルカロイドを含まないので栽培はOK。観賞用として広く栽培されている。

仲間

ハカマオニゲシ

→P34参照

アツミゲシ

→P34参照

果実（写真／羽根田治）

サワギキョウ

P P34
P P260

推理小説にも
登場する強力な毒草。
園芸種として人気だが、
全草に
アルカロイドを含む

● 分布／北海道〜九州
● 生育環境／山野の湿地
● 花期／8〜9月
● 特徴／高さ50〜100cm。
沢や湿原や沼地などにしばしば群生が見られる多年草。細長く尖った葉は互生し、縁は細かい鋸歯状となっている。夏の終わりごろに長さ3cmほどの紫色の美しい花を咲かせる。地域によっては絶滅危惧種に指定されている。

仲間

アゼムシロ（ミゾカクシ）

→P30、P143参照

| 有毒部分 | 中枢神経を刺激するロベリンなどのアルカロイドが全草に含ま |

れる。そのロベリンは喘息などの呼吸困難の際の回復薬や鎮痙の医薬品として使用されるほか、ニコチンと分子構造が似ているため、禁煙補助剤などとしても利用されるという。

| 症状 | 毒性が強く、誤食すると嘔吐、下痢、血圧降下、脈拍降下、 |

痙攣、呼吸麻痺などを起こし、心臓麻痺で死亡することもある。

| 予防法 | セリ摘みなどのときに誤って摘まないようにする。サワギキョウは |

とても美しい花なので園芸種も多く、一般家庭で栽培されている。小さな子供がいる家庭では、誤食しないように充分注意を払うこと。

Column

サワギキョウがミステリーに登場

映画化やドラマ化もされた金田一耕助シリーズのひとつ『悪魔の手鞠唄』（横溝正史著・角川文庫）には、"お庄屋ごろし"と呼ばれる毒草が登場する。実はこの毒草がサワギキョウ。殺人現場に残された汚物の中から猛毒アルカロイドのロベリンが見つかり、被害者は現場周辺に群生しているお庄屋ごろし、すなわちサワギキョウによって毒殺されたものと推測されたのだった。

ジギタリス

● P34
● P260

薬にもなるがハイリスク。
誤食すると食中毒を発症し、
場合によっては死に至ることも

↑ジギタリス　　↑コンフリー

被害実例　富山県砺波地方で、コンフリーと間違えてジギタリスの葉6枚をミキサーにかけて飲用（性別・年齢不明）。8時間後に悪心・嘔吐の症状が現われたため病院で受診したところ、心臓の一部機能の低下が認められ、体外式ペースメーカーの植え込み術で対処。5日目より食欲が回復し、12日目にペースメーカーが外された。

有毒部分　全草に強心配糖体のジギトキシン、ジギタリンを含む。とくに葉に多い。一方で心臓の筋肉性機能不全の治療に用いられてきたが、薬効域と中毒域が接近しており、少しでも用量を誤ると中毒事故を起こしてしまう。

症状　誤食すると嘔吐、頭痛、悪心、下痢、不整脈、激しい痙攣、視覚障害、呼吸麻痺などを引き起こし、重症の場合は死に至る。

予防法　処方の仕方によっては薬にもなるが、素人が民間療法に使用するのは絶対に避けること。

●分布／観賞用、薬用として全国各地で栽培されている。人家近くで一部野生化も
●花期／5〜7月
●特徴／高さ80〜120cm。ヨーロッパ原産の2年草または多年草。葉は披針形または広卵形で、根元から出ている葉には長い柄がある。茎や葉には白い綿毛が生えている。紫色や白色の釣鐘形の花を茎の上部にびっしりとつける。花の内側に褐色の斑点がある。花は下から上へと順次咲いていく。

Column

葉が似ている植物

　ジギタリスと葉が似ているコンフリーは、ヨーロッパから西アジアに分布する多年草。これまで葉は食用とされてきたが、過剰摂取すると肝障害を引き起こすアルカロイドを含むことが近年になって判明した。なお、ジギタリスの葉の縁は鈍い鋸歯状になっているが、コンフリーの葉には鋸歯がないので区別できる。→P34参照

❶❶❶ シキミ

P P35
⊕ P260

植物では唯一、「毒物及び劇物取締法」で
実が劇物に指定されている。
子供の誤食に要注意

↑実　花→

被害実例　兵庫県神戸での自然教室に参加した青少年15人が、シキミの実をシイの実だと思い込んでパンケーキに混ぜて食べ、13人が中毒となって病院に担ぎ込まれた。うち9人は重症に陥り、痙攣や意識障害を起こした者もいた。幸い全員が命に別状はなく、1～5日後に完治した。

有毒部分　全株にアニサチンという神経毒が含まれている。とくに種子に多い。シキミの実は、「毒物及び劇物取締法」という法律で、植物の中で唯一、劇物に指定されている。

症状　誤食すると、嘔吐、下痢、めまい、血圧上昇、てんかん性の全身痙攣、意識障害、呼吸麻痺などの中毒症状が現れる。重症の場合は死亡する。

予防法　シキミの実は、食べると焼き栗のような香ばしい味がするという。そのためか、野外で遊んでいる子供が興味本位で口にしてしまうことがある。また、中華料理に使われるスパイス、八角と混同されることがあるので要注意。

●分布／本州の宮城県以西
●生育環境／山地に自生。寺院や墓地によく植栽されている
●花期／3～4月
●特徴／高さ2～5m、ときに10mにもなる常緑小高木～高木。互生する葉は長さ4～10cmの長楕円形。厚く、滑らかな光沢がある。葉の腋に咲く花は直径約3cmで淡黄白色。果実は星形で、9～10月ごろに熟すと袋果が割れて種子がはじき出る。
●まめ知識／シキミの名は、「悪しき実」の「悪」が省略されたところからきている。シキミは仏事用の供花として栽培流通されているが、これはまだ土葬が一般的だった時代、カラスやイヌやネコなどが墓を荒らさないようにシキミを植えていたことの名残りだという。

仲間

ミヤマシキミ

　本州～九州に分布する常緑低木。葉はシキミに似るが、シキミ科のシキミに対し、こちらはミカン科。秋に赤くてまるい実をつける。　→P35参照

ソテツ

食用とするには充分な下ごしらえが必要。
戦前の困窮下の沖縄では多数の犠牲者も

被害実例 愛媛県内の中学校での理科の授業で、ソテツの実は食べられることを実証するため、担当の先生がソテツの実をあぶって生徒に食べさせたところ、生徒20人が中毒症状を起こした。実をよく水に晒してサイカシンを除去するか、充分に加熱してサイカシンを分解すれば問題なかったと思われるが、熱処理が不充分だったようだ。生徒はいずれも軽症ですんだという。このほか、牧畜のウシやペットのイヌなどが実を食べて中毒する事故も起きている。

有毒部分 全株に配糖体のサイカシンを含む。とくに幹や種子に多い。

症状 サイカシンが体内に入ると酸化してホルムアルデヒドに変わり、嘔吐、めまい、呼吸困難などの中毒症状を生じさせる。重症の場合は死亡することもある。また、サイカシンが発ガン性物質であることも明らかになっている。

予防法 毒成分を除去して食用とすることも可能だが、中途半端に行なうと毒成分が残り、中毒してしまう。

● 分布／九州、沖縄
● 生育環境／野原や海岸など
● 花期／6～8月
● 特徴／高さ1～5m。常緑低木。公園や庭に植栽されたものもよく見かける。円柱状の幹のてっぺんから四方に広がるように葉を出す。長さ8～20cmの小葉は針状で細長く、硬くて光沢がある。雌雄異株。雄花は長さ50～70cmの円柱状で先端は細くなっている。雌花は球形。秋に長さ2～4cm、変形卵型で橙色の種子を実らす。

● まめ知識／ソテツの小葉は硬くて鋭いため、切り傷を負いやすい。沖縄の浜にはソテツが藪のように自生しているところもあるので、皮膚を傷つけないように注意しよう。

> ### Column
> **観察員からの一言**
>
> 大正末期から昭和初期にかけて経済的困窮に見舞われた沖縄では、ソテツから採れるデンプンを食料としていたが、毒抜きが不充分で多くの犠牲者が出た。これを「ソテツ地獄」と呼んでいる。

タケニグサ

**若芽は美味しそうだが
全草に有毒アルカロイドを含む。
茎を折ってみて橙黄色の汁が出たら危険**

情報 人的被害の報告はなし。ペットとして飼っている小鳥やウサギ、リス、ハムスターなどに野草を与えたところ、その中に毒草が混じっていたために死なせてしまうという事例は少なくない。このタケニグサの若芽も美味しそうに見えるので要注意。ペットに野草を与えるときは、安全かどうかをしっかり確認することだ。

有毒部分 若芽は茎が太くていかにも美味しそうな山菜に見えるが、全草にアルカロイドのプロトピン、ヘレリトリン、サンギナリンを含む。汁液は舐めると苦い。

症状 誤食すると嘔吐、下痢、腹痛を引き起こす。酒に酔ったときのように眠くなるのが特徴で、重症になると深い眠りに陥って脈が緩くなり、血圧や体温も低下。呼吸麻痺や心臓麻痺を起こして死に至る。また、汁液が皮膚に付着すると炎症を起こす。

予防法 若芽のときに、食べられる山菜と間違えて摘まないようにする。民間療法に使用するのも避けること。

●分布／本州、四国、九州
●生育環境／山野や都市部の荒地
●花期／7〜8月
●特徴／高さ1〜2mになる多年草。全体に白粉を帯びていて白っぽく見える。掌状の葉は長さ20〜40cmで互生する。夏、黄白色の小さな花を穂状にたくさんつける。初秋になる果実は楕円形をした袋状のもので、中に細かい種子が入っている。これが風に揺れるとささやさや音がすることから、「ササヤキグサ」とも呼ばれる。同じ有毒植物のクサノオウと同じように、葉や茎を折ると橙黄色の汁が出てくる。和名は、タケといっしょに煮ると軟らかくなることに由来するというが、実際には軟らかくならない。長く伸びる茎が中空でタケに似ていることから名づけられたという説もある。

●まめ知識／皮膚病や水虫やたむしなどの患部に汁液を直接塗ると効果があるとされているが、毒性が強いので、避けたほうが無難だろう。また、中国ではタケニグサを乾燥させたものを「博落迴」と呼び、外用の生薬としてリウマチや打撲や害虫駆除に処方されている。

ゴボウと間違えて誤食。
4人が中毒、
ひとりは重症

被害実例 岡山県倉敷市在住の夫婦が親からもらった「削りゴボウ」でキンピラゴボウをつくって食べたところ、口渇やめまいなどの神経障害を発症させ、病院に担ぎ込まれた。その後、同じキンピラゴボウを食べたふたりが同様の症状を発症させて入院した。その後の調べで、「削りゴボウ」は両親の自宅で栽培されていたチョウセンアサガオであることが判明した。

有毒部分 全草にヒヨスチアミン、スコポラミン、アトロピンなどのアルカロイドを含む。とくに種子や根に多い。

症状 誤食すると、腹痛、下痢、血便などの初期症状ののち、瞳孔拡大、呼吸の乱れ、口の渇きなどが起こり、精神錯乱やせん妄、幻覚などの症状が出る。さらに痙攣、昏睡、血圧低下、呼吸不全、心臓麻痺などで死に至ることもある。

予防法 とにかく誤食しないように注意すること。チョウセンアサガオには一種の臭気があるので、不審に思ったら触れないようにする。

●分布／日本全国。庭などで栽培されているほか、空き地などで野生化している。
●花期／8〜9月
●特徴／高さ約1m。熱帯アジア原産の1年草。江戸時代に薬用植物として渡来・栽培されてきた。互生する葉は卵形で縁は波状になっている。夏から秋にトランペット型の白い花を上向きにつける。夕方に開花し、夜明けとともにしぼむ。果実にはトゲが密生し、成熟すると扁平な灰白色の種子を多数散布する。全草に独特の臭気がある。
●まめ知識／植物による食中毒事故の中でも、とくに近年目立っているのがチョウセンアサガオを原因とする事故だ。とくに根をゴボウに間違えて調理して食べるというケースが多い。また、つぼみをオクラと、種子をゴマと間違えて誤食した事例も報告されている。

仲間

ヨウシュチョウセンアサガオ

→P35参照

テイカカズラ

P P36
C P260

『古事記』にも登場する
キョウチクトウ科の仲間。
誤食すると呼吸・心臓麻痺をもたらす

| 有毒部分 |

全草にトラチェロシドを含む。とくに葉や茎や汁液に多い。乾燥させた茎葉は「絡石藤」という生薬となり、解熱や滋養強壮に効果があるとされている。また、すりつぶした葉を切り傷に塗ると治りが早いという。ただし、毒成分の効力が強く、副作用の心配があるため、素人の使用は絶対に避けること。

| 症状 |

誤食すると呼吸麻痺や心臓麻痺を起こす。また、汁液が皮膚につくとかぶれる。ペットのイヌやネコが葉などを食べて中毒を起こすこともある。

| 予防法 |

誤食しないよう気をつける。とくに園芸種として室内で栽培している場合は、小さな子供が口にしないように注意しよう。剪定したときに切り口から出る白い汁液にも触れてはならない。また、素人が民間療法に使用するのは絶対に避けること。

● 分布／本州の近畿地方以西、四国、九州
● 生育環境／山野
● 花期／5〜6月
● 特徴／ツルの長さ10m、径3cm（太いものは8cmにもなる）ほどの常緑ツル性植物。木や岩壁を這い上がり、フェンスなどに絡ませている家庭もある。葉は長さ3〜4cm、楕円形で光沢があり、対生する。春に芳香のある白い小さな花をつける。袋果は長さ15〜25cmの細長いサヤ状で、熟すと白い冠毛のある種子をたくさん飛ばす。園芸種としても人気がある。
● まめ知識／『古事記』には、岩戸に隠れた天照大神を外に出すため、天宇受売命が「天の日影をたすきにかけ、天のまさきをかずらとして舞った」と伝えられているが、この「天のまさき」がテイカカズラだという。

仲間

ケテイカカズラ

近畿地方以西に分布する常緑ツル性植物。花期は5〜6月。テイカカズラとよく似るが、花筒の形状で見分けられる。

そのほかにリュウキュウテイカカズラやトウテイカカズラなどがある。

トウダイグサ

🅟 P36
➕ P260

山菜摘みで間違えやすい。
同属植物を原料とした
ダイエット食品で中毒被害も

被害実例　2003年、ダイエット食品の「アマメシバ」を継続的に飲んでいた女性が気管支炎を発症させるという事例が各地で起こり、厚生労働省はアマメシバの粉末や錠剤の販売禁止を通達した。アマメシバはトウダイグサと同じトウダイグサ属の植物で、東南アジアでは伝統的な薬草として扱われているが、1990年代には台湾やアメリカでも呼吸困難を起こす中毒患者が続出。死亡する者も出たという。

有毒部分　全草にアルカロイドのユーフォルビンを含む。茎や葉を傷つけると出る白い汁液も有毒成分を含む。

症状　誤食すると口や胃の粘膜がただれ、嘔吐、腹痛、下痢が起こる。重症の場合は痙攣やめまいなどが生じることもある。また汁液が皮膚につくと皮膚炎を引き起こす。

予防法　春の山菜摘みのときに、食べられる種と間違えやすい。よく特徴を覚えて摘まないようにする。汁液にもかぶれるので、見つけても手を出さない。

● 分布／本州以西
● 生育環境／畑や空き地や道端など
● 花期／4～6月
● 特徴／高さ20～30cm。越年草。がっしりした茎の先に、放射状に葉を5枚つける。葉は長さ1～3cmのヘラ形または倒卵形。葉が輪生する中心から数本の花柄を出し、黄緑色の花を多数咲かせる。その様子が、昔の燈火の台（油を入れる皿）に似ていることからこの名がある。さく果に毛はなく、種子は褐色の倒卵形をしている。
● まめ知識／学名の「Euphorbia」（ユーフォルビア）は、トウダイグサの白い汁液を初めて薬として用いた、ローマ時代の医師の名前に由来するという。

仲間

タカトウダイ
→P36参照

ナツトウダイ
→P36参照

ノウルシ
→P36参照

●●● ドクウツギ

P P36
C P260

**トリカブトやドクゼリなどと並ぶ猛毒植物。
中毒症状は激しく、
場合によっては死に至ることも**

被害実例　植松黎氏の著書『毒草を食べてみた』（文春新書）には、ドクウツギの実でつくった果実酒を飲んだ人の症例が報告されている。これによると、中毒患者は果実酒を飲んで30分もしないうちに嘔吐が始まり、部屋中を転げ回るほどの激しい腹痛に襲われ、その後は全身の痙攣と失神の繰り返し。発作を起こしてはのたうち回る苦しみが4時間も続いたという。

有毒部分　全株にコリアミルチン、ツチン、コリアチンなどの神経毒を持つ。とくに果実に多い。かつては殺鼠剤や、川魚を獲るための魚毒として用いられていたこともあった。

症状　誤食すると顔面蒼白、発汗、嘔吐、よだれ、腹痛、瞳孔縮小、激しい痙攣、呼吸麻痺、全身硬直、昏睡などの中毒症状が現れる。死に至るケースも珍しくない。

予防法　特徴をよく覚えて、見つけたら絶対に手を出さない。

●分布／北海道、本州の近畿地方以北
●生育環境／日当たりのいい山野や河原など。各地で栽培もされている。
●花期／5〜6月
●特徴／高さ1〜2mの落葉低木。枝が中空で毒があることから命名されたという。葉は長さ6〜8cm、卵状の長楕円形で先が尖り、2列に並んで対生している。春、葉が出る前に黄緑色の小さな花を多数つけるが目立たない。雌花の花柱は紅色をしている。花のあとにできる実は、夏の間に赤から黒紫色に変色して熟す。種子は鳥などによって散布される（鳥は有毒の種子まで噛み砕かない。また、黒く熟すと果肉の毒は弱まるという）。
●まめ知識／トリカブト、ドクゼリ、シキミと並ぶ猛毒植物として名高い。果実は美味しそうに見えるうえ、ちょうど手の届きやすい高さに実り、また実際甘酸っぱい味がするので、子供が食べて中毒する事故が目立つ。ドクウツギの実でつくった果実酒を飲んで重症に陥ったケースも報告されている。

ドクゼリ

**アルカロイドを含む猛毒植物。
セリやワサビと間違えて
中毒になる事故が毎年のように発生**

被害実例 宮城県内の企業の職員食堂で、ワサビと間違えて採取したドクゼリをすりおろしてご飯に振りかけて食べたことにより、36人が痙攣などの食中毒症状を起こした。入院した12人中、重体のひとりを含む4人が集中治療を受けた。

有毒部分 全草に猛毒成分のシクトキシンやシクチンなどの化学物質を含む。とくに地下茎に多い。

症状 誤食すると嘔吐、下痢、腹痛、痙攣、脈拍の増加、神経錯乱、意識障害、呼吸困難などを引き起こし、ときに死亡してしまうこともある。

予防法 若芽のころの葉は食べられるセリとよく似ているうえ、セリと混生していることもあるので、山菜摘みのときに間違えやすい。セリを摘むときには、ドクゼリとの違いをよく覚えておき、じっくり観察してから採集するようにしよう。

　また、根茎を野生のワサビと間違えて中毒になったという事例もあるので要注意。

●分布／北海道〜九州
●生育環境／湿地、水田など
●花期／6〜8月
●特徴／高さ90〜100cmの多年草。茎は中空で、上部で枝分かれする。互生する葉は2〜3回羽状複葉。小葉は細長く先端が尖り、縁は鋸歯状。枝先に球状の小さな白い花を放射状にいくつもつける。セリのような芳香はなく、青臭い。
●まめ知識／セリとドクゼリの区別は地下茎を比べてみれば一目瞭然だ。ドクゼリの根茎は太く緑色で、タケノコ状の節がある。根茎を割ってみると中は空洞になっていて、やはりタケノコのような節がある。これに対し、セリの根茎はタケノコ状にはなっていない。

↑ドクゼリの根

↑セリ　　↑ワサビ

ドクニンジン

Ⓟ P37
Ⓞ P260

**ソクラテスの処刑に用いられた猛毒植物。
山菜のシャクと間違えて
誤食する事故が多発**

被害実例 札幌市内では1997年に、誤食による食中毒事故が2件発生した。いずれも山菜のシャクと間違えてドクニンジンを食べたことによるものだった。

有毒部位 全草に有毒アルカロイドを含有する。

症状 食後30〜40分後に悪心、嘔吐、流涎、昏睡などの症状が現れる。毒性が非常に強く、中枢神経を興奮させたのちに麻痺させ、意識はあっても筋肉だけが硬直していく。最終的には呼吸に関与する筋肉が麻痺し、呼吸困難に陥って死に至る。

予防法 食用になる山菜のシャクとドクニンジンの若葉が非常に似ているため、誤食による中毒事故が発生しやすい。見分けるには、匂いをかぐといい。シャクはセリとミツバをミックスしたような味と香りがするが、ドクニンジンは植物全体に不快な臭気がある。また、茎に紫紅色の斑点が見られるのもドクニンジンの特徴だ。シャクの茎は、葉の付け根に白いはかまがある。

●分布／北海道と本州の一部
●生育環境／湿った場所から乾いたところにまで適応。日当たりのいい肥沃地を好み、牧草地や畑地、荒地、道端などに生育。
●花期／7〜8月
●特徴／ヨーロッパ原産の帰化植物。医薬品研究用に栽培されていたものが野生化したといわれている。高さ1〜2mの二年草で、暗紫色の斑紋がある茎は中空で太く、上部で枝分かれする。長さ30cmにもなる葉は2〜3回羽状複葉、小葉は長さ1〜3cm の卵状皮針形。ニンジンの葉に似る。夏に花茎の先端に半球形の花序をつけ、白く小さい花をたくさん咲かせる。花の先端は内に曲がる。果実はほぼ球形で、熟すると2分果に分かれる。全体に不快な臭いがある。
●まめ知識／古代ギリシャでは、罪人を処刑するのにドクニンジンが用いられていた。哲学者のソクラテスは、その教えが「青年たちを堕落させている」とのことで死刑を宣告され、弟子たちの前でドクニンジンの毒杯を飲み干して絶命したという。

P P37
C P260

ナンテン

**痙攣や麻痺を引き起こすが、
食中毒の特効薬でもある。
縁起のいい木としての需要も**

被害実例 79歳男性が、じん麻疹が発症したためナンテンの葉を煎じて服用したが、その45分後に、意識を失っているところを家族が発見。ただちに救急車によって病院に搬送されて治療を受けた。14日後に無事退院。

有毒部分 全株にアルカロイドのドメスチンを、葉にはナンジニンを含む。その一方でナンテンの葉は食中毒になったときの民間療法に古くから用いられてきた。葉をすりつぶしてつくった青汁は、お猪口に1杯飲めば吐き気が収まり、2杯飲むと胃の中のものを吐き出す効果がある。生の葉をそのまま噛んでもよく、消化不良や胃もたれ、二日酔い、船酔いなどにも効くという。また、ナンテンの実を天日で乾燥させたものを生薬で「南天実」と呼び、咳止めや喘息、視力回復に処方される。

症状 誤食すると、痙攣や神経麻痺や呼吸麻痺などを引き起こす。

予防法 葉を煎じて飲んだり、赤い実を食べたりしてはならない。

●分布／本州の茨城県以西、四国、九州

●生育環境／庭に栽培されているほか、野山に野生化

●花期／5〜6月

●特徴／高さ約2mの常緑低木。葉は茎の上部に集まって互生する3回羽状複葉。小葉は先が尖った長楕円形で、長さ3〜8cm。硬くて光沢がある。春から初夏にかけて、黄色い雌しべが目立つ白い花を茎の先端に多数咲かせる。11〜12月に、直径6・7mmの球形の赤い果実をつける。また、果実が白や紫や橙色になるもの、葉が小さく生け花に利用されるものなど、多数の園芸種がある。ちなみに果実の白いものをシロミナンテン、黄色いものをキナンテンという。

●まめ知識／「難を転ずる縁起のいい木」として、庭などによく植えられている。正月飾りやおせち料理の彩りなどに使われる。赤飯の上にナンテンの葉を乗せる風習があるのは、葉に含まれるナンジニンに防腐効果があるため。本来は有毒なのだが、ごく少量なので人体には影響がないという。

ニワトコ

ⓅP37
ⒸP260

若芽は食べられる
山菜として知られているが、
人によっては下痢などの中毒症状を起こす

情報 インターネットのブログには、ニワトコの若芽をおひたしや油炒めなどにして食べて食中毒を起こした報告が散見される。だいたい食後10時間前後ぐらいで下痢を発症し、それがしばらく続くようだ。中毒になるのは大量に食べたときだが、重症化することはない。

有毒部分 若芽に中毒症状を引き起こす物質を含む。一方、ニワトコは「接骨木」と書き、枝や幹の黒焼き、あるいは煎じ詰めて水飴状にしたものは骨折や打ち身やリウマチの薬になる。また、乾燥させた枝や葉には利尿効果があり、むくみや腎臓病や脚気に効くとされている。

症状 毒抜きが不充分だったり食べ過ぎたりすると、下痢や嘔吐などの中毒症状が生じる。

予防法 ニワトコの若芽は食べられる山菜として、あえものや天麩羅の食材に利用されてきたが（インターネットにはレシピも紹介されている）、人によっては中毒症状を起こすので、食べないほうが無難。

● 分布／北海道〜九州
● 生育環境／山野。庭木としても植栽されている。
● 花期／4〜5月
● 特徴／高さ3〜6mの落葉低木。よく枝分かれする。小葉は長さ5〜15cmの長楕円形で、先が尖っていて、縁に細かい鋸歯がある。春、若葉と同時に淡黄白色の小さな花をたくさん咲かせる。梅雨のころに実が赤く熟す。

Column

観察員からの一言

ニワトコと同じように、以前は体に悪い要素などはないと思われていた植物にスイバがある。スイバは野原や人家の近くで見かける多年生の植物。美味しくもなく、酸味があるだけだが、かつては子供が空腹を紛らわせるために、シガシガと噛んでいたことがあった。しかし、全草にシュウ酸やシュウ酸カルシウムがあり、食べ過ぎると胃腸を壊したり下痢になったりする。また、葉がスイバに似たギシギシもやはりシュウ酸を含むので、食べ過ぎは禁物。P37参照。

バイケイソウ

P P37
C P260

オオバギボウシや
ギョウジャニンニクと間違えやすい。
全草に有毒アルカロイド

→バイケイソウ

→オオバギボウシ

被害実例

群馬県の赤城山を訪れていた50～60代の男女8人の登山者が野草を食べて吐き、携帯電話で110番通報した。8人は昼食時にオオバギボウシと間違えてコバイケイソウを生で食べてしまい、約30分後に吐き気や痺れ、めまいなどの中毒症状を訴えた。全員が入院したものの、幸い命に別条はなかった。

有毒部分

全草にサイクロパミン、プロトベラトリン、ジェルビン、ベラトラミンなどのアルカロイドを含んでいる。

症状

誤食すると嘔吐、下痢、めまい、血圧低下、手足の痺れ、痙攣などが起こる。食べた量が多いと死んでしまうこともある。海外では、妊娠しているヒツジがバイケイソウ属の植物を摂食した結果、胎児の奇形や脳障害を引き起こした例が報告されている。

予防法

食べられるオオバギボウシとよく似ているので、両者の違いを頭に入れておくこと。ギョウジャニンニクの若芽と間違えるケースもあるので要注意。

● 分布／北海道、本州
● 生育環境／山地の林下や湿地など
● 花期／6～8月
● 特徴／高さ1～1.5mの多年草。茎は太く直立、枝分かれせずに柄のない葉を直接つける。葉は長さ15～30cm、縦筋が何本も入っている。茎の上部に2cmほどの大きさの緑白色の花をたくさん咲かせる。

仲間

コバイケイソウ

→P38参照

スズラン

→P38参照

Column

オオバギボウシとの見分け方

オオバギボウシの葉には長い葉柄があるが、バイケイソウの葉には葉柄がない。また、オオバギボウシは若芽のときに葉が巻いているのに対し、バイケイソウの新芽では葉が折りたたまれている。

ハシリドコロ

P P38
P260

**新芽はフキノトウと間違えやすい。
誤食すると、錯乱状態となって
あちこち走り回る**

被害実例　岐阜県郡上郡の山中で、ウドと間違えてハシリドコロの苦芋を採取。家に持ち帰り、天麩羅にして食べた6人のうち5人が意識障害を起こすなどの食中毒症状を発生させた。

有毒部分　全草にヒヨスチアミン、アトロピン、スコポラミンなどのアルカロイドを含む。とくに地下茎に多い。

症状　誤食すると、嘔吐、下痢、血便、手足の痙攣、瞳孔散大、めまい、幻覚などの中毒症状が現れる。錯乱状態に陥って山中を長時間さまよった事例も報告されている。また、ハシリドコロを触った手で目をこすると、瞳孔が開き、まぶしくてものが見えなくなる。

予防法　新芽のときはオオバギボウシやフキノトウ、ゴマナなどと間違えやすい。また、茎も葉も柔らかく、美味しく食べられそうに見えるため、春の山菜採りのシーズンに中毒事故が多発する。山菜はよく注意して採取すること。

食用になるゴマナ

●分布／本州、四国、九州
●生育環境／山地。湿り気のある林中に多い
●花期／4〜5月
●特徴／高さ30〜60cmの多年草。茎は直立、葉は長楕円形で互生する。春、葉の腋に長さ2cmほどの暗紅色の花を1個ずつつける。名前の由来は、これを食べて中毒症状を起こすと、もがき苦しんでところかまわず走り回ることによる。
●まめ知識／根茎を乾燥したものは「ロートコン」と呼ばれ、鎮痛・鎮痙薬の製薬原料となっている。もちろん素人による処方は厳禁。　根

Column

フキノトウとの見分け方

　間違えやすいのは、フキノトウの芽とハシリドコロの芽。フキノトウの芽には白い綿毛が密生しているが、ハシリドコロの芽はほとんど無毛。また、フキノトウの芽の中には蕾がたくさん詰まっているのに対し、ハシリドコロの芽は葉が重なりあっている。

ヒガンバナ

P P38
P260

**ノビルやアサツキとは似て異なる鱗茎。
同じ仲間のスイセンを誤食する
食中毒事故が多発**

被害実例 青森県の上十三地方で、30代と60代の女性2人が、十和田市の道の駅の直売所でニラとして販売されていたスイセン（ヒガンバナと同じヒガンバナ科の有毒植物）を購入。酢みそ和えにして食べたところ、吐き気をもよおしたため病院で治療を受けた。

　同様に、ヒガンバナをアサツキやノビルなどと間違えて誤食する事故も起きている。

有毒部分 全草にアルカロイドのリコリンを含む。とくに鱗茎に多い。

症状 誤食すると、嘔吐、下痢、神経麻痺などの中毒症状が現れる。重症の場合は死に至る。

予防法 葉と鱗茎が、食用となるノビルやアサツキと似ているため、間違えて誤食しやすい。ノビルなどを摘むときは、ヒガンバナと間違えないようによく見極める必要がある。

　なお、ヒガンバナの鱗茎は民間療法に用いられているが生半可な知識での処方は避けておいたほうがいい。

●分布／日本全国
●生育環境／道端や田畑のあぜ、堤防、墓地など
●花期／9月
●特徴／高さ30～50cm。中国原産の多年草。人里近くによく群生している。茎は直立し、秋にその先端に大きな赤い花を輪状に数個つける。花のあと、晩秋に線形の葉を出す。
●まめ知識／ノビルにはネギのような臭みがあるが、ヒガンバナにはない。また、アサツキの葉は細い円柱形だが、ヒガンバナの葉は円柱ではなく平べったい。

→ノビル　→アサツキ

仲間

キツネノカミソリ
→P38参照

ニホンズイセン
→P38参照

ナツズイセン
本州～九州に分布する多年草で、山野や草地、道端などに自生する。高さは50～60cm。

ヒョウタンボク

P P39
+ P260

**毒成分は不明だが、
強い催嘔吐作用がある。
ふたつ並んだ赤い実には手を出すべからず**

被害実例 ヒョウタンボク類を食べて食中毒を起こした体験がインターネットで報告されている。それによると、中央アルプスの千畳敷から空木岳を目指した登山者が、極楽平への登りで美味しそうな赤い木の実が成っているのを見つけ、口にしてみたら美味しかったので、10粒以上食べたのだという。ところがその後、気分が悪くなり、稜線を縦走中に何度も嘔吐を繰り返して脱水状態に陥ってしまった。なんとか山小屋にたどり着き、一晩寝たら翌朝には回復した。あとで写真を調べてみたら、それはまさしくヒョウタンボクであったという。

有毒部分	全株に有毒物質を含むが、成分などについては不明。
症状	誤食すると嘔吐、下痢、痙攣、昏睡を招く。多食すると死亡する可能性もある。
予防法	食用となるウグイスカグラの実と誤食しやすい。花酒をつくるときはスイカズラの花と間違えないように。

● 分布／北海道、本州、四国
● 生育環境／山地。人家の庭にも植栽されている
● 花期／4〜6月
● 特徴／高さ1〜1.5mの落葉高木。長楕円形または卵状楕円形の葉は長さ2.5cmで、両面に毛がある。花は、枝の上部の葉の腋に2つずつ咲くが、咲きはじめは白く、のちに黄色に変わる。このことから「キンギンボク」の異名がある。夏、直径約8mmの赤い球形の実が熟す。この実がふたつくっついていてヒョウタンのように見えるのが名前の由来。
● まめ知識／同じスイカズラ属のハナヒョウタンボク、キミノヒョウタンボク、オオヒョウタンボク、オニヒョウタンボクなども有毒。赤い実がふたつくっついてなるものは有毒であると思ったほうがいい。

よく似た植物

スイカズラ

半落葉ツル性植物。5〜6月に咲く花は、やはり白から黄色へと変色する。

ウグイスカグラ

→P39参照

フクジュソウ

強心薬にもなるが、
20種以上の毒成分を含む。
誤食すると呼吸困難や心臓麻痺などを発症

被害実例 　心臓を患っていた徳島県東祖谷山村在住の76歳女性が、「心臓の薬に」と、採取したフクジュソウの根を煮出して飲んだところ、突然嘔吐。わずかに口をつけただけの夫（76歳）も苦しみ出した。ふたりは救急車で病院に運ばれたが、妻は約5時間後に心室性不整脈で死亡した。夫も入院したが、軽症ですんだ。妻はふだん、病院でもらう薬のほか、ドクダミを煎じて飲んでいたという。

有毒部分 　全草に強心配糖体のアドニトキシンやシマリンなど20種以上の毒成分を含む。とくに根茎に多い。

症状 　誤食すると嘔吐、呼吸困難、心臓麻痺などを引き起こす。重症の場合は死亡する。

予防法 　若葉をヨモギの葉と間違えないこと。ヨモギの若葉の表裏には白い毛がある。また、地面から出てきたばかりのフクジュソウの新芽は、フキノトウと間違えることもあるので、山菜摘みのときには注意が必要だ。

● 分布／北海道〜九州。とくに本州中部以北に多い
● 生育環境／山林
● 花期／2〜4月
● 特徴／高さ15〜30cm。寒さに強い多年草。雪解けとともに茎と蕾を出す。最初は包葉状の葉に包まれた短い花茎の先に径4cmほどの黄色い花をつけるが、花茎は徐々に伸びながら次々に花を咲かせていく。花の形や色には個体変異があり、弁先が裂けたナデシコ咲きや、赤や橙や緑色などの品種もある。花のあとにコンペイトウに似た実をつける。光や温度に非常に敏感で、日光が当たると花を開き、陽が陰るとすぐに花を閉じる。

仲間

オキナグサ

→P31参照

イチリンソウ

→P39参照

P P40
C P260

ホウチャクソウ

**新芽が食用山菜と似る。
独特の臭気があり、
苦くてとても食べられたものではない**

→ホウチャクソウ
→アマドコロ

被害実例　2003年4月、東京都の卸売市場にホウチャクソウが入荷し、食べられる山菜の「アマドコロ」として販売されるという騒動があった。幸い、一般には販売されず、中毒事故は起こらずにすんだ。

有毒部分　ホウチャクソウは毒草のイヌサフラン科の植物で、全草が有毒とされている。同じイヌサフラン科のチゴユリ(北海道〜九州の山地に生育する多年草)も有毒で、やはり食用とはされていない。

症状　誤食すると、吐き気、目まい、下痢などを引き起こす。おひたしやあえものなどにしても、嫌な臭いがあり、苦くて食べられない。

予防法　ホウチャクソウの新芽は、食用となる山菜のアマドコロやオオナルコユリ、ユキザサの若芽によく似ていて、誤食事例が散見される。これらの山菜との見分け方を覚え、山菜摘みのときにはよくチェックしてから採取しよう。

●分布／日本全国
●生育環境／山地や丘陵の林内
●花期／4〜5月
●特徴／高さ30〜60cmの多年草。茎は直立。葉は長さ5〜15cmで長楕円形。春に茎の先がふたつに分かれ、筒状の花を1〜3個垂れ下げる。花は蕾のような形状で、全開することはない。花の色は白で、先端がやや緑がかる。この花が、寺院や五重の塔の四方の軒に下がっている宝鐸(大きな風鈴)に似ていることから名付けられた。花のあとに球形の果実が黒く熟す。

Column

食用となるほかの山菜との見分け方

　山菜として美味しいアマドコロやオオナルコユリやユキザサは、地下茎が太く横に這っているが、ホウチャクソウの根はタコの足のような細いひげ根である。また、ホウチャクソウのみ茎が分かれ、ほかは分かれにない。さらにホウチャクソウは独特の臭気を発している。

マムシグサ

● P40
● P260

**果実をトウモロコシと
間違えて誤食すると、
口内に痺れや痛み、腫れが生じる**

被害実例 長野県東筑摩郡内の小学生男児3人が、「食べられるかどうか試してみよう」と、路肩に生えていたマムシグサの実を食べたところ、直後に舌の痺れや喉の痛みなどを訴えた。3人は入院したが、翌日退院した。また、場所は不明だが、川に流れてきたマムシグサ類の果実を、若い男性がトウモロコシと勘違いして食べ、同様に口の中に痺れや腫れが生じたという。これまでの事故のほとんどは、未熟な果実をトウモロコシと間違えて食べたことによる。

有毒部分 全草にサポニン、シュウ酸カルシウム、コニインなどを含む。とくに球茎に多い。

症状 誤食すると焼けつくような刺激があり、口の中や胃に炎症を起こす。激しい下痢や嘔吐、心臓麻痺などの症状も現れ、多量に摂取すると死に至る。また、球茎の汁液は皮膚炎を起こす。

予防法 地中の球茎や、秋に熟す実を食べないこと。

● 分布／北海道～九州
● 生育環境／平地や山地の、薄暗く湿った林下に多い
● 花期／4～6月
● 特徴／高さ50～60cm。形状に変異の多い多年草。茎は地中にあり、マムシ模様のある偽茎と葉を地上に伸ばす。春、花のように見える筒状の「仏炎苞」をつける。仏炎苞は白と暗紫色の縞模様状で、先端は暗紫色。果実がつくのは夏～秋。未熟の果実はトウモロコシに似ており、完熟すると美味しそうな赤い色になる。

仲間

ミミガタテンナンショウ
→P40参照

ウラシマソウ
→P40参照

ザゼンソウ
→P40参照

ミズバショウ
→P40参照

クワズイモ
→P41参照

P P41
O P260

ムラサキケマン

**可憐な容姿なれど、
悪臭がしたら要注意。
毒性は強くないが、
酒に酔ったような
症状が現れる**

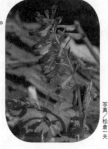

写真／松倉一夫

●分布／日本全国
●生育環境／山地や野原、空き地、薮などの湿っぽい日陰
●花期／4〜6月
●特徴／高さ20〜50cm。茎は五角形で柔らかい。互生する葉は細かく裂けている。上部に紅紫色または白色の小さな花をびっしりつける。花の長さは12〜18mmで筒状、先は唇形になる。線状長楕円形の果実は、触るとはじけて黒い種子を散らす。

| 有毒部分 | 全草にアルカロイドのプロトピンなどを含む。一方、殺虫・解毒に効果があるといわれ、皮膚病のタムシ、頑癬、牛皮癬などに外用される。 |

| 症状 | 誤食すると酒に酔ったようになり、眠気、吐き気、脈の低下、呼吸困難、心臓麻痺などを引き起こす。ただし、死に至るほどの毒性はない。 |

| 予防法 | 全体的に柔らかそうに見えるので食べてみたくなるが、手を出してはならない。葉や茎を傷つけると嫌なにおいがするので、「おかしいな」と思ったら持ち帰らないこと。紅紫色の花は、ケシ科のヤマエンゴサクやジロボウエンゴサクとよく似ているが、ニンジンの葉のように葉に細かな切れ込みがあるので区別がつく。また、素人が民間療法に用いてはならない。 |

仲間

キケマン

→P41参照

ミヤマキケマン

→P41参照

Column

観察員からの一言

ムラサキケマンのケマンというのは仏教寺院の荘厳具のひとつで、「華鬘」と書く。びっしりと垂れ下がって咲く花を華鬘に見立てたことから名づけられた。ところでムラサキケマンの種子には白い小さな固形物が付着している。この固形物はアリのエサとなるもので、アリが種子を巣に運び込むことで結果的に分布域を広げている。

短時間で人を死に至らしめる、
最強の毒を持つ植物。
国内には30種以上の仲間が生育する

→ヤマトリカブト
→ニリンソウ

被害実例 青森県在住の30代の男性がトリカブトを食べて食中毒に陥った。男性は、家族がニリンソウと間違えて採取してきたトリカブトをおひたしで食べたところ、約1時間後に悪寒、腹痛、手足の痺れ、意識混濁などの症状が現れ、ただちに入院した。幸い大事には至らず、翌日には回復して退院した。

有毒部分 全草にアコニチン、メサコニチン、ヒパコニチンなどの猛毒アルカロイドを含む。とくに根に多い。毒性の強さは種や生育地によって異なる。

症状 誤食すると口や舌の痺れ、めまい、嘔吐、腹痛、下痢、痙攣、体温低下、不整脈、呼吸麻痺などの症状を引き起こし、短時間で死に至る。

予防法 中毒事故は、春の山菜摘みのシーズンに食用となるニリンソウやゲンノショウコの若い葉と間違えるケースが圧倒的に多い。とくにニリンソウの葉はよく似ているうえ、同じ場所に混生していることもあるので要注意。

●分布／本州中部以北
●生育環境／山地など
●花期／8〜10月
●特徴／高さ80〜150cmの多年草。葉は互生し、掌状に深く3〜5つに裂ける。裂片の縁には欠刻状の鋸歯がある。夏から秋にかけて、長さ3cmほどの青紫色の花を茎の上部につける。花は烏帽子形で、外側に曲がった毛が生えている。

Column

似た植物との見分け方

ニリンソウの根茎は横に這うが、ヤマトリカブトは横には這わず、紡錘形の塊根がある。また、山菜シーズンの春先に白い花をつけるのがニリンソウ。ヤマトリカブトが開花するのは秋で、花の色は紫。白い花のついたものだけを選んで摘めば安全だ。

ゲンノショウコとも混同しやすいが、ヤマトリカブトの茎や葉にはほとんど毛がない。ゲンノショウコには細かい毛が生える。

ユズリハ

🅿 P41
➕ P260

誤食したウシが中毒死。
葉や樹皮にアルカロイドを含むが、
毒性などはわかっていない

被害実例　隠岐島の牧場主がユズリハを剪定して牧場内に廃棄したところ、放牧牛がこれを食べ、5頭が発汗、低体温、心音細弱、消化管運動の停止、嘔吐、起立困難、黄疸などの中毒症状を起こした。うち3頭が死亡、2頭は完治した。ユズリハによるウシの中毒事故は、これ以前にも北海道や静岡県で起こっている。体重400kgのウシがユズリハを採食した際の致死量はわずか1kgだという。

有毒部分　葉や樹皮にダフマクリン、ダフニフィリン、ユズリミンなどのアルカロイドを含む。ただしこれらの毒性についてはまだよく判明されてない。

　なお、ユズリハは古くから寄生性皮膚病の生薬として用いられてきた。樹皮や葉の煎じ汁で患部を洗浄することで、駆虫剤としての効果があるという。

症状　誤食すると心臓麻痺や呼吸困難を起こす。

予防法　誤食しないように注意する。

●分布／本州の福島県以西、四国、九州、沖縄
●生育環境／山地。庭などにも植栽されている
●花期／5〜6月
●特徴／高さ4〜10mになる常緑高木。雌雄異株。枝先に放射状につく葉は長楕円形で、長さ15〜20cm。表面は深緑色、裏面は白っぽく、葉柄は赤色を帯びている。春に枝先の葉の腋から緑黄色の小さな花が垂れ下がる。10〜11月ごろに熟す果実は長さ8〜9mmの楕円球状。藍黒色で、表面が白粉に覆われている。
●まめ知識／新しい葉が伸びたあとに古い葉が落ちることから、新旧の世代交代を意味する名前がつけられたという。また、太い葉の主脈が弓に似ているので「弓弦葉（ゆずるは）」と呼ばれ、それがユズリハになったという説もある。

仲間

エゾユズリハ

　高さ1〜3mの常緑低木。北海道、本州の山口県以北に分布。葉がユズリハよりも小型で薄い。5月ごろに緑黄色の小さな花をつける。秋、白粉に覆われた藍黒色の果実が熟す。

**市販されているヤマゴボウとはまったく別物。
誤食すると嘔吐や下痢、
痙攣などを引き起こす**

●分布／北海道〜九州

●生育環境／道端や荒地など

●花期／6〜9月

●特徴／高さは1.5m以上。がっしりとした紅紫色の茎は直立して枝をよく分ける。太い根はゴボウ状。大きな葉は長楕円形。初夏から初秋にかけて、枝先に小さな淡紅紫色の花が多数垂れ下がって咲く。花のあとにできる実は黒紫色で、ブドウの房状になる。

●まめ知識／地方の土産物屋などで「ヤマゴボウ漬け」などと称して販売されているのがモリアザミ。本州、四国、九州の山地に生育するキク科の多年草で、高さ50〜100cm。9〜10月、直立する茎の先に紅紫色の花をつける。根はヨウシュヤマゴボウと似ているが、葉や花はまったく違うので、ちょっと注意していれば容易に区別できる。

被害実例　栃木県の野木町で、下水道事業に伴う事前調査のため集落跡を発掘していた16人が、現場に生えていたヨウシュヤマゴボウの根を味噌漬けにして食べたところ、男性3人、女性11人の計14人（30〜60歳代）が嘔吐や下痢などの食中毒症状を起こした。14人は病院で治療を受けたが、重症になる者はなく、その後症状は収まった。

有毒部分　全草にサポニンを含む。とくに根と果実に多い。このサポニンの一種には、感染予防と抗腫瘍作用があり、製薬の研究が進められているという。ただし、ヤマゴボウの根から作られる生薬「商陸（しょうりく）」の代用にはならないようだ。

症状　誤食すると嘔吐、下痢、じん麻疹、痙攣などを引き起こす。しかし、多量に摂取しないかぎり、中毒症状は軽度ですむことが多いようだ。

予防法　根はアザミ類に似ているので、間違えて採取しないように。果実の誤食にも要注意。

仲間

ヤマゴボウ

中国原産の帰化植物。人家の庭に植栽されているが、一部野生化している。6〜9月に多数の白い花を上向きに咲かせる。秋には紫黒色の実が熟す。果実や根に有毒タンパク質を含む。　→P42参照

そのほかの食用注意植物

イチョウ（ギンナン）

 P P42 **+** P260

写真／松倉一夫

イチョウは全国各地の公園や街路、神社などに広く植えられており、秋に実る種子の外種皮を取り除いたものがギンナン。ギンナンにはメチルピリドキシンが含まれ、幼児や子供が食べ過ぎて中毒になる事故が散見される。主な症状は嘔吐と痙攣で、痙攣は繰り返される。通常、90時間以内に回復するが、幼児や子供の死亡例もある。10歳未満の子供にはギンナンを食べさせないのが無難だ。

ウメ

 P P42 **+** P260

日本全国の庭や畑で栽培されている。果実は6月ごろに実る。ウメの種子や未熟な果実の果肉には、アミグダリンやプルナシンなどの青酸配糖体が含まれる。果実が熟するにつれ、果肉中の青酸配糖体はほとんど消失するが、種子内にはそのまま残る。中毒症状は、頭痛、めまい、嘔吐、下痢、腹痛、発汗、瞳孔散大、呼吸困難、痙攣、失神など。重症の場合には呼吸停止や心臓麻痺などを引き起こして死亡してしまうこともある。事故は幼児に多いので、未成熟の青いウメおよび種子内の柔らかい部分は食べないこと。誤って種子を噛み砕いてしまったときはすぐに吐き出す。

モモ

P P42 **+** P260

中国原産の落葉低木〜小高木。本州〜九州で観賞用あるいは果樹として広く栽培されている。果実は7〜8月。果実の種子や未成熟の果肉にアミグダリンなどの青酸配糖体を含む。

アンズ

P - **+** P260

中国北部原産の落葉小高木。東北地方や中部地方などで果樹として栽培されている。果実は6〜7月。やはり果実の種子や未成熟の果肉にアミグダリンなどの青酸配糖体を含む。

ジャガイモ

P P42 **+** P260

南米アンデス原産の多年草。夏〜秋に地下茎の先端が肥大して芋となる。未熟なものや光に当たって皮が緑色になっているもの、芽が出たジャガイモの芽の部分などには、ソラニンなどのステロイドアルカロイド配糖体が含まれるので、食べてはならない。中毒症状は嘔吐、下痢、腹痛、痙攣、呼吸困難など。重症の場合は死に至る。

3

第3章／海の危険生物

海水浴や磯遊び、釣り、ダイビング、サーフィンなど、海を舞台にしたレジャーやスポーツには、いつの時代でも大人から子供までが夢中になる。だが、野山同様、海にも鋭い歯やトゲ、毒成分を持つ生物がたくさん生息している。海洋生物の生態や毒成分などについてはまだ解明されていないことも多く、場合によっては被害に遭ったときの治療は対症療法にならざるをえなくなる。また、有毒な魚介類による食中毒にも充分注意しよう。

イタチザメ

●●●

P P43
C P261

サメによる人身事故は
マリンスポーツや漁業時に多発。
海に入るときはサメ情報に要注意

被害実例 　2000年9月16日の午後5時ごろ、沖縄は宮古島の砂山ビーチの沖合約30m地点で、友人とサーフィンをしていた21歳男性が突如海中に引き込まれた。これを目撃した友人らが男性を引き上げたが、男性は右上腕部と両膝下を切断する大ケガを負っており、病院に搬送されたものの死亡した。

　事故当時、男性はサーフボードの上に座り、波が来るのを待っていたところを海中に引きずり込まれたといい、男性のそばでサメの背ビレを見たという友人もいる。男性が使っていたサーフボードには、サメに食いちぎられたような跡が残っていた。

　一時はオオメジロザメの仕業ではないかという見方もあったが、その後の調べで、サーフボードに残った跡がイタチザメの歯形と形状が合致、犯人はイタチザメであると断定された。この件については、イタチザメがウミガメをエサとしており、サーフボードに乗った人間がちょうどウミガメのように見えたことから襲われたものと推測されている。

● 分布／青森県以南。温帯〜熱帯域の海
● 生息環境／沿岸の浅場から深海にまで出没する
● 特徴／全長最大5.5mにもなる。ずんぐりした体格で、頭部は角張っている。若いときは体に縞模様があり、成魚になると消える。鋸のような頑丈な歯を持ち、その歯でカメの甲羅も嚙み砕く。
● 生態／雑食性で、大型の魚や海生哺乳類のほか、鳥類や人間までをも襲う。非常に凶暴で攻撃的なので、海外では「タイガー・シャーク」と呼ばれている。

仲間

オオメジロザメ

体長約3m。沖縄周辺海域で生息が確認。目は小さく、鼻面が短い。背面は灰色。このサメは淡水にも適応し、アマゾン川やミシシッピー川、ガンジス川などで生息が確認されている。西表島の川でも目撃情報がある。どう猛な性格で、危険度は高い。

なお、宮古島では96年7月にサンゴを調査中の男性が、97年7月には素潜りで漁をしていた漁師が、やはりサメに襲われて命を落としている。

被害状況 鋭い歯による咬傷。

予防法 被害は通年あるが、人が海で活発に活動する夏、サメが捕食活動をする夕方〜夜間に被害が起きやすい。ダイビングやサーフィン、海水浴を行なうときには、現地のサメ情報に注意し、サメが出没しているなら海に入らないようにする。また、南西諸島などでは、イタチザメは日中リーフの外にいて、夕方になるとエサを獲るため岸の近くに寄ってくるので、夕方から夜明けにかけては海に入るのを避ける。単独行動も控えるようにし、なるべく集団で行動する。海の透明度が悪い海域にもサメが寄ってきやすいので、濁っている海では泳がないほうが無難。サメの嗅覚は鋭く、血液の匂いに引き寄せられる。女性は生理中のときには海に入らないようにし、海中でケガをしたときにはすぐに海から上がること。前記の実例からもわかるように、人間がサーフボードの上に乗って手足をバシャバシャ動かしている状態は、サメにとってはエサとなるウミガメやアザラシに見えるので、絶対に行なわない。

ホホジロザメ

写真／SeaBreeze (PIXTA)

　本州中部以南の沿岸域、外洋に生息。鋸歯状の正三角形の歯を持つ。魚類や海洋性哺乳類などを捕食する。積極的に人を襲うことはないといわれているが、人身事故例は多い。生態はほとんどわかっていない。
→P43参照

アオザメ

　本州中部以南の外洋に棲む。全長4mに達する。その名の通り体色は青っぽい。美しい流線型のフォルムが特徴。肉食性で魚類などを捕食し、ときに人間を襲うこともある。

ネムリブカ

→P43参照

ネコザメ

→P43参照

アブラツノザメ

→P43参照

オニダルマオコゼ

Ⓟ P43
Ⓒ P261

刺されたくない魚の筆頭格。
刺されたときの激痛で意識を失い、
溺死してしまうケースも

被害実例 　1983年8月、沖縄県読谷村の沖合で、31歳の男性が潜って漁をしていた。漁を終え、岸に向かって歩いてくる途中、岸から40mほどのところで突然倒れた。その後すぐ起き上がったが、数分後に再び倒れてしまった。これを目撃していた高校生が男性を海から引き上げて人工呼吸を施したが、救急車で病院に運ばれる途中で死亡。男性が持っていた網の中には2匹のオニダルマオコゼが入っており、これを持ち帰るときに網越しに刺されてしまったようだ。男性の左大腿部にはオニダルマオコゼの刺痕が4箇所あった。ただし、直接の死因がオニダルマオコゼの毒によるものかどうかは不明。当時の報道では、刺されたショックで意識を失い、浅瀬に倒れて溺れ死んだとされている。

症状 　ダイバーたちの間で、「コイツだけには絶対に刺されたくない」と恐れられているのがオニダルマオコゼ。その背ビレの毒棘は非常に硬くて強く、また大きな毒袋を持っているので、刺されたときに入る毒の量はほかの毒魚に比べてはるかに多い。

● 分布／八丈島、屋久島以南
● 生息環境／サンゴ礁や岩礁域、砂地など
● 特徴／全長30cm。姿・形・色が海底の岩や石によく似ているうえ、ほとんどじっとしていて動かないので、なかなか見分けるのが難しい。目は飛び出ていて、大きな口は上向き。
● 生態／海底の砂に潜んでいることも多く、気づかずに近づいてくる魚を捕食する。全身にでこぼこしたコブがあり、背ビレ、腹ビレ、尻ビレに猛毒のトゲを持つ。浅瀬での磯遊びや潮干狩りのときに、知らないうちに踏みつけたり手をついたりして刺されてしまうケースが多い。
● まめ知識／高級魚としていい値がつくオニダルマオコゼやオニオコゼ。近づいても逃げないので、見つければ容易に捕まえられる。ただし、漁師が「尻尾を持っていれば大丈夫だ」といいながら、跳ねて刺された例もあるので、取り扱いには充分な注意が必要だ。

つまり、それだけ重症に陥りやすいわけで、毒棘が3、4本刺さったら死んでしまうともいわれている。

その症状は、刺された瞬間から激痛が生じ、傷口は赤紫色に腫れ上がって感覚がなくなってくる。何箇所刺されたかにもよるが、堪え難いほどの痛みは徐々に広がっていき、それが長時間続く。また、発熱、頭痛、めまい、嘔吐、下痢、痙攣、関節痛、全身麻痺などの症状が現れ、重症ならば死亡してしまうことも。被害実例にもあるように、刺されて動けなくなり、たとえ浅瀬であっても倒れて溺死してしまう危険がある。過去には、あまりの激痛に歩くことができず、這って岸まで行ったという例もある。

| **予防法** | 被害は通年の朝〜夕方。磯遊びや潮干狩り、シュノーケリング、ダイビングを楽しむときには運動靴やマリンブーツ、長靴などを履く。もっともオニダルマオコゼの背ビレのトゲは硬く、ゴム底の靴やウエットスーツなどは容易に突き通してしまうので、フェルト底のマリンブーツ（釣具屋やダイビングショップなどで入手できる）を用いるといい。これならば気づかずに踏みつけてもトゲが靴底を貫通することもない。また、海底や海中の岩などにはなるべく手をつかないようにし、手をつくときには充分に安全を確認すること。

仲間

オニオコゼ

全長25cm。本州中部以南の浅場の砂泥底に生息。生息場所によって体色にかなり個体差がある。小魚や甲殻類、イカ類などを捕食する。オニオコゼ属の魚は2本の軟条になった胸ビレの下部を使って海底を歩く。高級魚として知られる。

ヒメオニオコゼ

ヒメオニオコゼ（写真／萩原清司）

全長20cm。伊豆半島以南の浅場の砂泥底や岩礁域に生息。長い海藻のような背ビレに猛毒のトゲがある。オニオコゼよりもヒレ膜が深く切れ込み、吻もやや長い。驚かすと胸ビレを大きく広げて威嚇する。

ヒメオコゼ

全長15cm。茨城〜九州南岸の太平洋沿岸、新潟〜九州南岸の日本海・東シナ海沿岸の内湾の砂泥底に生息。オニオコゼよりも小型。背ビレに鋭い毒棘がある。

ハオコゼ

→P44参照

ミノカサゴ

P P44
○ P261

**美しく優雅に海中を漂うが、
ヒレに毒を持つ。
うっかり触れると痛い目に**

被害実例 西表島でダイビングショップを主宰する49歳男性が、ある年の夏、ダイビングボートを停泊させていた月ヶ浜のはずれの岩場で作業をしていたときのこと。膝までもない水深の波打ち際を歩いているときに、手に持っていたものを水中に落としてしまったため、それを拾おうとして左手を水の中に入れた瞬間、指先に激痛が走った。慌てて手を引っ込めて見ると、ミノカサゴの仲間であるキリンミノが水中に漂っていた。どうやら岩陰に隠れていたらしく、それを知らずに手を伸ばしたため刺されてしまったようだった。

刺された箇所はひどくズキズキと痛んだので、民宿にもどり、ヤケドしない程度の熱いお湯を洗面器に張ってしばらく手を浸けていた。すると痛みは徐々に引いていったという。

また、29歳女性のケースは、竹富島のコンドイビーチで初めてシュノーケリングをしたときの体験談。まずはエメラルドグリーンの海に大感激。そしてなにより驚いたのが、浜からほど近い浅瀬の海に熱帯魚が泳ぎ回っていること。その中でもひときわ優雅に泳ぐヒラヒラした魚

● 分布／北海道南部以南
● 生息環境／沿岸岩礁域やサンゴ礁
● 特徴／全長25cm。深い切れ込みのある大きな胸ビレと背ビレを持ち、優雅にゆっくりと海中を漂っている。
● 生態／体色は薄赤で、口から尾にかけて黒い縦縞模様が多数入っている。胸ビレと背ビレ、尻ビレに毒があり、驚かせると背ビレを立てて威嚇する。
● まめ知識／ミノカサゴをはじめとする刺す魚が持つ毒は、主にタンパク毒。この毒は熱に弱いため、刺されたときは傷口をお湯に浸けると毒が不活性化されて痛みが和らぐとされる。

仲間

カサゴ

全長30cm。北海道南部以南の沿岸岩礁域に生息。暗褐色または暗赤色の地味な体色で、海底の岩場などでじっとしていることが多いため、あまり目立たない。美味なので釣りの対象魚として人気があり、釣り上げたときに毒ビレに刺されるケースが多い。

に目を奪われ、つい手を出してしまったのが間違いだった。触れたとたんにビリビリとした激痛が指先に……。あまりの痛さに手が痺れたようになり、とてもシュノーケリングを楽しむどころではなく、ビーチでひたすら痛みに耐えるのみ。ようやく痛みと痺れが和らいできたのは、夜も更けてからのことであった。

| 症状 | すぐに激痛を覚え、痛みは長時間続く。患部は赤く腫れ上がり、 |

壊疽になることもある。場合によっては発熱、頭痛、嘔吐、リンパ腺の腫れ、呼吸困難、手足の麻痺などを引き起こすが、軽症ですむことが多い。死亡例はほとんどない。

| 予防法 | 被害は通年の朝～夕方。美しい魚なので、シュノーケリングや |

ダイビングのときに見かけるとついそばに近づきたくなってしまうが、人が寄っていってもヒラヒラと逃げる程度で、素早くは逃げていかない。ただし、しつこく追い回したりすると、胸ビレを大きく広げて威嚇し、場合によっては攻撃してくることもあるので、不用意に手を出したりしないようにすること。釣れてしまったときには、メゴチバサミなどで押さえて鉤を外そう。

また、ミノカサゴはその優雅な容姿から飼育の対象として人気も高いが、水槽を掃除するときなどはうっかり刺されないように注意したい。

イソカサゴ

全長約10cm。千葉県勝浦以南、浅海の岩礁域に生息。体色は淡赤色で、不規則な暗色斑がある。エラ蓋の下のほうに黒褐色の斑点があること、背ビレの毒棘が13本であること（同属の仲間は12本）などで、ほかの種と区別できる。

ハナミノカサゴ

→P44参照

ハナミノカサゴ（写真／萩原清司）

ミズヒキミノカサゴ

→P44参照

キリンミノ

→P44参照

オニカサゴ

→P44参照

ハチ

→P45参照

●●● オキザヨリ

P45
P262

光に向かって飛んでくる槍状の魚。
くちばしが体に刺さると
失血死してしまう

被害実例　1990年10月20日の午前0時10分ごろ、鹿児島県トビラ島沖の住用湾で仲間とともに素潜り漁をしていた漁師（男性・38歳）が、「スズ（ダツ類のこと）！」と叫んだ直後に海底に沈んでいってしまった。ただちに仲間が男性を引き上げたが、すでに死亡していた。男性の左首から肺にかけて直径0.8cm、深さ14、5cmの鋭い刺し傷があったことから、オキザヨリと同じダツ類の魚に刺されて失血死したものと見られている。現場付近では、同年3月6日にも41歳の男性がダツ類に刺されて死亡するという事故が起こっている（読売新聞より）。

症状　槍状のくちばしが顔面や首、胸、腕などに突き刺さって重傷を負う。刺さったあとも暴れるため、傷はよけいに深くなる。重傷部によっては出血多量となって死亡する。

予防法　事故は春〜初冬の夜間に多い。ダツ類は光に向かって突進してくるので、夜間、海に潜るときは絶対にライトを水平に向けてはならない。

●分布／津軽海峡以南
●生息環境／沿岸部の表層域を回遊している
●特徴／全長約1m以上。細長い銀色の体をしていて、長く尖った顎と鋭い歯を持つ。エラ蓋中央にある青い横帯でほかのダツ科の種と区別できる。
●生態／水面近くを猛スピードで泳ぎ、光に向かって水表面を猛突進してくる習性（走光性）がある。
●まめ知識／ダツ科の魚はあまり食用とされないが、塩焼きなどにすると味は悪くないという。ただしは寄生虫（アニサキス）が多いので要注意。

Column

観察員からの一言

　ダツは懐中電灯を持っている者を目がけて飛んでくるとはかぎらない。たとえばナイトダイビングなどでダイバーが船に上がるとき、船上の者がダイバーを電灯で照らしたりすると、照らされた者に向かってダツが飛んでくることもあるので、充分な注意が必要だ。

アカエイ

🅿 P45
➕ P261

**ムチのようにしなる尾に鋭い毒棘を持つ。
刺さると激しく痛み、
運が悪ければ死ぬことも**

被害実例　ダイビングショップのオーナー（男性・43歳）は、伊豆海洋公園でヒラタエイを見つけ、素手で捕まえようとしたところ、親指の付け根をブスリと刺されてしまった。その瞬間、猛烈な痛みが頭を突き抜けた。トゲは鋸歯状になっていて抜けにくいため、トゲが刺さった状態のまましばらく我慢してから引き抜いた。傷口は激しく痛み、それが半日も続いた。刺された箇所は化膿し、跡が残った。

症状　鋭い毒棘によって深い裂傷や貫通傷を負わせる。受傷部は腫れて激しく痛み、それが長時間続く。発熱や吐き気、下痢、痙攣、失神、血圧低下、呼吸障害、受傷部の壊死などが伴うこともあり、最悪の場合、死亡してしまう。

予防法　事故が起きやすいのは春～秋の24時間。浅瀬の砂地に隠れているエイに気づかずに踏みつけ、刺されるケースが多い。潮干狩りや海水浴のときには、エイがいないかよく確認する。とくに手や足を海底につくときは要注意。

● 分布／北海道以南だが、本州中部以南に多い。
● 生息環境／冬は深場に生息し、暖かい季節になると浅瀬の砂地に集まってくる
● 特徴／全長1m以上にもなる。菱形の体盤背面は褐色で、目や噴水孔のまわりは黄色に縁取られている。腹面は白色、胸ビレにはやはり黄色の縁取りがある。尾の付け根から少し離れたところに鋸歯状の大きな毒棘が1、2本ある。
● 生態／日本沿岸で最もよく見られる。肉食性で、貝類や甲殻類、環形動物などを食べる。
● まめ知識／死んでいるエイでも毒棘の効力は消えていないので要注意。

仲間

ヤッコエイ

北海道以南、とくに南方の浅い海域に多い。全長60cm。体盤背面に青色の斑が散在。

ヒラタエイ

→P45参照

トビエイ

→P45参照

ゴンズイ

🅟 P45
🅠 P261

背ビレと胸ビレに鋭い毒棘。
夜釣りでの被害が多い。
刺されると堪え難い激痛が長時間続く

被害実例　インターネットのブログには、ゴンズイのトゲに刺された人の体験談がいくつかアップされている。それらによると、刺された瞬間、激痛が走り、堪え難いほどの痛みが数時間以上続くようだ。傷口周辺は腫れ上がり、痺れや麻痺を生じることもあるという。

症状　タンパク質毒により激痛を引き起こし、患部は赤く腫れ上がる。重症のケースでは、傷の周囲の組織が壊死した例もあるという。疼痛は長く続く。

予防法　通年の24時間、警戒が必要。夜釣りの外道として釣れることが多い。釣れてしまったときには、メゴチバサミなどで押さえて鉤を外すか、ラインを切ってしまうのが安全だ。タオル等で押さえるのは、トゲを通してしまうので危険。また、ゴンズイが死んでも毒の効力は失われない。鉤から外したあと周囲に放置しておくと、誤って踏んづけてしまう恐れがある。毒棘は靴のゴム底ぐらい貫通してしまうので、外したら海にもどしてやろう。

●分布／本州中部以南
●生息環境／暖海性の魚で、比較的浅い海に生息
●特徴／体長20〜30cm。口のまわりに8本のヒゲを持ち、黒色の体には白または黄色の横縞が2本ある。
●生態／昼間は沿岸の岩場などに潜んでいて、夜になると小魚や小動物を捕食する。幼魚は「ゴンズイ玉」と呼ばれる群れを成して泳いでいる。背ビレと胸ビレに硬く鋭い毒棘を持ち、捕らえられるとトゲをこすり合わせてグウグウという音を立てる。

Column

観察員からの一言

　海水浴やダイビングなどでは、ゴンズイの幼魚がひとかたまりになっている「ゴンズイ玉」を見かけることがある。これにも決して手を出さないこと。また、ゴンズイには体表の粘液にも毒があることがわかってきた。トゲに刺されなくても、手などに傷があるとそこから毒が入るので、素手では絶対に触らないようにしよう。

アイゴ

!••

P P46
+ P261

食用魚なので釣りや調理中の事故が多発。
ヒレの毒棘に要注意。
痛みはかなり激しい。

被害実例　八重山の離島の中学校に赴任してきた33歳女性が、追い込み漁を体験したときのこと。獲れた魚をさばいていたときに、地元の人が「あ、その魚は気をつけろ」というのと同時に、右手の中指にチクッとした痛みを感じた。次の瞬間から思わず転げ回りたくなるような猛烈な痛みが襲いかかってきた。誤ってアイゴの背ビレに刺されてしまったのだ。地元の人たちは、「あー、遅かったか」といって笑っていたが、女性は激しい痛みに耐えながら思わず心の中で「もっと早くいえよ」とつぶやいていた。

症状　刺された直後から猛烈な痛みに襲われる。受傷部は大きく腫れ上がり、痛みは数時間〜半日ほど続く。まれに全身麻痺、意識不明、呼吸困難などの重症に陥ることもある。

予防法　被害が多いのは春〜初冬の朝〜夕方。釣り上げたときに刺されてしまうことが多い。鉤を外すときは充分に用心を。死んでも毒は健在なので、調理をするときはまず毒ビレを切り落とすこと。

●分布／下北半島以南
●生息環境／沿岸岩礁域やサンゴ礁など
●特徴／全長約30cm。楕円形の体形。体色は茶褐色、黄褐色または灰色で、白い斑点が入っている。
●生態／背ビレ、腹ビレ、尻ビレに毒棘がある。稚魚は初夏のころに群れをなして浅場に来遊するが、小さいながらも同じ部位に強い毒を持つ。

仲間

アミアイゴ

全長15cm。伊豆半島以南のサンゴ礁に生息。虫食い状の斑紋が特徴的。

ゴマアイゴ

全長30cm。琉球列島の内湾や汽水域で群れをなして泳ぐ。体側に橙色の斑点を多数散りばめ、背ビレの付け根には黄色い斑紋がひとつある。

ヒフキアイゴ

→P46参照

ハナアイゴ

→P46参照

ニザダイ

● ○ ○

Ⓟ P46
Ⓒ P262

尾ビレの付け根に鋭いナイフ状の突起が。
釣り上げて無防備に手を出すと
スッパリ切られる

被害実例　休暇で石垣島滞在中に船でグルクン（沖縄の県魚でタカサゴのこと）釣りに出掛けた36歳男性。ポツポツと魚を釣り上げていたときに、明らかにグルクンのものとは違う重い引きが竿に伝わってきた。喜んでリールを巻き上げてみると、大きな青黒い魚（ニザダイの仲間）が海中から姿を現した。それを見た船長さんは、「気をつけろ、切られるぞ」と声を掛けた。しかしその声は耳に届かず、男性が無造作に釣れた魚に手を伸ばした瞬間、左手人差し指の付け根のあたりに鋭い痛みが走った。ハッとして見てみると、皮膚が1cmほど切れて血が流れている。男性は改めて魚を観察してみて驚いた。尾の付け根あたりには、ナイフのような突起があったのだった。

症状　骨質板による刺傷。ときに深く切られることもある。雑菌が入って化膿すると、患部は大きく腫れ上がる。

予防法　被害は通年の朝〜夕方。釣り上げたときに、跳ねた拍子に手を切られないよう、注意して鉤を外す。

● 分布／青森県以南
● 生息環境／岩礁域
● 特徴／全長40cm。体色は暗褐色、主に石灰藻類を食べている。尾ビレの付け根のあたりに鋭い突起状の骨質板が4、5個ある。
● 生態／ふつうは群れをつくっているが、単独で行動することもある。藻類や甲殻類、貝類などを捕食する。
● まめ知識／ニザダイやテングハギなど、ニザダイ科の魚の中には食用とされているものもあるが、季節や個体によっては磯臭さが強くなる。また、ニザダイ科のサザナミハギは、シガテラ毒を作る藻類をエサとし、生息地域によってはシガテラ中毒を引き起こす。

仲間

サザナミトサカハギ

→P46参照

テングハギ

→P46参照

**小さな体に似つかわしくない
大きな犬歯でガブリ。
海中で見かけてもうかつに手を出すな**

●分布／南日本、琉球列島
●生息環境／サンゴ礁域
●特徴／体長8cm。体の前半部は黄色っぽく、腹部は白。頭部から尾ビレまで黒色縦帯が走るが、尾ビレに向かうに従い斑点になる。
●生態／サンゴ礁域を活発に泳ぐ。下顎に毒腺のある大きな犬歯を持つ。

被害実例 釣りのときに外道としてかかり、鉤を外そうとして咬まれるケースが多い。咬みついたままなかなか離さないこともあるようだ。インターネット上には「小さな穴が2つあいてけっこう出血した」「血が止まらない」「化膿して2週間ぐらい痛かった」「血がポタポタ滴り落ちた」などといった被害報告がアップされている。

症状 体のわりには大きな犬歯を下顎に持ち、つかもうとすると咬みついてくる。犬歯には毒腺があり、咬んだときに毒が注入されるが、毒は弱いようで（毒成分は不明）大したことにはならない。ただし、咬まれた箇所は切れて出血し、ときにかなり痛むこともある。

　ちなみにギンポ類は、捕食者に捕食されても口の中で暴れ、ところかまわず咬みつくので、すぐに吐き出されるという。

予防法 被害が起こるのは1年中。シュノーケリングやダイビングで見かけても、手を出さない。釣り上げたら、タオルを使うなどして注意深く鉤を外すこと。

仲間

ニジギンポ

→P47参照

サツキギンポ

体長5cm。屋久島以南のサンゴ礁域に棲む。体色は灰色っぽい。体側の黒色縦帯は頭部のあたりで2叉する。

オウゴンニジギンポ

体長6cm。伊豆半島や琉球列島の岩礁域、サンゴ礁域に生息。体の前半分は青みがかかり、後半部は黄色っぽい。

カモハラギンポ

体長約10cm。三宅島、紀伊半島以南、琉球列島のサンゴ礁域や岩礁域に棲む。体色は黒く、体側に1本の白色縦帯がある。尾ビレは透明、縁だけ白い。

ゴマモンガラ

Ｐ P47
Ｏ P262

凶暴な海のギャング。
気性が荒く、繁殖期に接近すると
猛然と攻撃を仕掛けてくる

被害実例　ダイビングショップのオーナーの男性（49歳）が、西表島近海のポイントでお客さんのダイバーをガイドしているときだった。そこは凶暴なゴマモンガラがいるポイントとして知られていたが、そのときは姿が見えず、男性はホッとしながらガイドを行なっていた。ところが、そいつはいきなりうしろから襲いかかってきた。突然、頭のてっぺんを思いきり殴られたような衝撃を受け、いったいなにが起こったのかと思って振り返ったら、そこにはあのゴマモンガラがいた。男性が咬まれたところはちょっと出血した程度の傷ですんだが、男性の知り合いには耳を咬まれて5針ほど縫った人もいる。スタッフのひとりは、ウエットスーツの上から咬まれて穴が空いただけでなく、しばらくは歯形の傷が肌に残っていた。

| 症状 | 固く強靭な歯による咬傷。 |

| 予防法 | 初夏〜夏。朝〜夕方。とにかく近づかないことがいちばん。海の中で見かけたら逃げるにかぎる。 |

●分布／神奈川県三崎以南の南日本

●生息環境／サンゴ礁の浅瀬に生息

●特徴／全長60cm。モンガラカワハギの仲間の中でも大型になる種。背ビレ、尻ビレ、尾ビレに黒い縁取りがある。

●生態／単独で行動し、ウニやカニや貝などを強靭な歯で咬み砕いて食べる。夏の繁殖期にはすり鉢型の巣をつくって卵を保護する。この時期の親は非常に攻撃的になり、ダイバーが近づくと突進してきて追い払おうとする。

●まめ知識／ダイバーの間では「ゴマモンガラを見たら注意しろ」というのが常識になっている。1度追いかけられると、かなり執拗にアタックしてくるので、繁殖期の親には近寄らないことだ。また、ゴマモンガラを含め、モンガラカワハギ科の魚はシガテラ毒を持つ個体がいるともいわれている。

仲間

モンガラカワハギ

→P47参照

ムラサメモンガラ

→P47参照

ハリセンボン

● ○ ○

Ｐ P47
Ｃ P262

トゲよりも怖い鋭い歯。
油断していて食いつかれ、
指先を咬みちぎられた事例も

興奮すると
膨らむ

被害実例 沖縄県の48歳女性は、巻き網にかかったハリセンボンをさばくため、魚をまな板の上に載せて頭部を左手で押さえ、包丁を入れようとした。そのとき、まだ生きていたハリセンボンが暴れ、「アッ」と思った瞬間、左の薬指の第一関節から先を咬みちぎられてしまった。そこは小さな離島だったので病院はなく、止血処置を行なったのち、気が遠くなりそうな痛みに耐え続けながら2時間かけて別の島の病院にたどり着いた。落ちた指先は氷詰めにして持っていったが、医者からは「もうくっつかない」といわれた。入院は約1週間。その後はリハビリの甲斐もあって小さな爪が再生してきた。

| **症状** | 固く強靱な歯による咬傷。 |

| **予防法** | 被害は通年、24時間。動作はにぶいが、不用意に指などを差し出さないほうがいい。釣りや漁で獲れたハリセンボンの扱いにも充分注意する。調理のときにも油断は禁物だ。 |

●分布/北海道南部以南の温帯・熱帯域
●生息環境/沿岸の岩礁
●特徴/全長30cm。背中は淡褐色、腹部は白。体表全面にトゲを持つ。
●生態/ふだんはトゲを寝かせて泳いでいるが、危険が迫って興奮すると水を飲んで体を膨らませ、トゲを逆立たせる。このトゲはそれほど鋭くはなく、触ってもチクチクする程度で、皮膚に深く突き刺さるようなことはない。ただし板状の歯は貝を咬み砕くほど強靱。

仲間

ヒトヅラハリセンボン

紀伊半島以南に分布。全長60cm。ハリセンボンよりも大型で、白く縁取られた黒い斑紋が特徴。

イシガキフグ

青森県以南の温帯・熱帯域に分布。全長60cm。体色は灰褐色で腹部は白い。やはり体中にたくさんのトゲがあるが、ハリセンボンのように逆立たせることはできない。

197

ウツボ

臆病な生物で、岩穴から顔を出して
あたりをうかがう。
危険を感じると咬みついてくる

被害実例

大潮の干潮時に潮干狩りにいった49歳男性が、岩穴の入り口付近に潜んでいるサザエを見つけ、手を伸ばしてつかんだ瞬間、穴の奥に潜んでいたウツボが飛び出してきて、手に牙を突き立てた。慌てた男性はとっさに手を引っ込めようとしたのだが、それがかえって傷を深くしてしまった。ウツボが咬みついたままで手を引いたので、裂傷となってしまったのだ。逆上した男性は、穴に潜んだウツボを銛でめった刺しにして、ようやく溜飲を下げたのであった。幸い傷は化膿することもなく、1週間ほどで完治したという。

症状

鋭い歯による咬傷。歯の切れ味は鋭く、たびたび裂傷になる。歯に付着している雑菌や体の粘液などが傷口から入って化膿するケースも多い。

予防法

被害は通年、24時間。人間が近づくと岩穴から頭を出して威嚇するので、それ以上近づかない。潮干狩りなどのときには、岩陰や岩穴などにむやみに手を突っ込まないこと。

● 分布／南日本
● 生息環境／沿岸域岩礁やサンゴ礁の穴の中
● 特徴／全長約80cm。全身に黄褐色と茶色のまだら模様がある。尻ビレの縁が白くなっているのが特徴。
● 生態／切れ味鋭いナイフのような歯が、口の奥のほうに向かってたくさん寝て生えており、1度くわえたものは絶対に離さない。このため咬まれたときに裂傷になりやすい。昼間は岩穴などに潜み、夜間に活動して小魚や甲殻類を捕食する。

仲間

ドクウツボ

→P48参照

ニセゴイシウツボ

→P48参照

ナミウツボ

全長1m。紀伊半島以南のサンゴ礁に生息。白と褐色のまだら模様で、頭部が黄色くなっている。性格はかなりどう猛。

ハモ

P P48
C P262

**美味な高級魚なれど、性格は獰猛。
咬みついたら鋭い犬歯を
食い込ませて離さない**

被害実例 釣り人が釣り上げたハモを鉤から外そうとするときと、調理人が生きたハモをさばこうとするときに指を咬まれるケースがほとんど。

症状 ハモの口に犬歯状の鋭い歯が並んでいるのは、1度くわえた魚を絶対に離さないようにするため。その名前も、「食む（はむ）」が転じてハモになったといわれている。ハモによる被害のほとんどは、ナイフのように鋭い歯で咬まれることによるもので、通常は出血と激痛が伴い、指の爪を貫通してしまうこともあるという。しかも咬みついたあとに、体を回転させて食いちぎるような動作をとるので、場合によっては深い傷になってしまう。

予防法 被害は春から秋に多い。ハモを釣り上げたら、鉤から外すときが厄介だ。ぬるぬるして滑りやすいうえ、腕に絡みついてくる。タオルなどでしっかり押さえつけたうえで慎重に外そう。

生きたハモを自分で調理するときも要注意。ハモは頭を落としても咬みついてくる。

●分布／福島県以南、東シナ海

●生息環境／温暖な海を好む。水深100m以浅の海底や砂泥地、岩礁の近くに生息

●特徴／体長70〜220cm。体つきはアナゴに似ている。体色は、背側が褐色、腹側は白い。どちらかというと雌は赤銅っぽい色で、雄は黄色がかった青色をしている。

●生態／夜行性で夜になると活動をはじめ、小魚や甲殻類、イカやタコなどを捕食する。吻は長く、大きな口には鋭い歯と犬歯が並んでいる。性格はかなり獰猛。5〜8月、沿岸域で産卵をする。レプトセファルスという葉形幼生を経て成魚になる。

●まめ知識／酷似した種に同じハモ科のスズハモがいる。ちょっと見ただけではまったく区別がつかず、判別するには肛門から頭部までの側線孔数を数えるしかない。ハモは40〜47、スズハモは33〜39だという。ただし市場ではハモとスズハモの区別はなく、同じハモとして流通しているという。味に関しては、スズハモのほうが若干落ちるといわれている。

ダイナンウミヘビ

P P48
+ P262

釣り人の嫌われ者。気性は激しく、
釣り上げると暴れまわり、
鋭い歯で咬みついてくる

被害実例 ある年の夏、鹿児島のEさん（54歳・性別不詳）が夜の投げ釣りをしていたとき、穴子のような魚を釣り上げた。非常に暴れて捕まえるのに苦労していたら、指先を咬まれてしまった。幸い、皮膚が少し傷ついた程度ですんだ。靴底で押

ダイナンウミヘビ（写真／萩原清司）

さえて仕掛けを切り、しっぽの先を確認すると、とがっていて硬そうだったので、ダイナンウミヘビだと判明した。

症状 鋭い歯による咬傷。咬んだままひどく暴れるので深い傷を負うことも。

予防法 被害が多いのは春〜秋の夕方〜夜間。夜釣りの外道だが、昼間でも釣れる。釣ってしまったときには、鉤から外すのに要注意。外しても食用にはならないので、仕掛けごと切ってしまって海に帰すのがいいだろう。

●分布／北海道南部以南
●生息環境／浅場から水深500mまでの砂泥底に生息する
●特徴／全長1.4m。のっぺりした灰褐色〜茶褐色の体で、長い吻を持つ。犬歯状の歯は密で鋭い。
●生態／夜行性で、昼は砂底に潜っている。内湾の夜釣りで外道としてよくかかるが、性格は荒く、釣り上げたときに暴れるので釣り人からは嫌われている。昼間でも釣れる。
●まめ知識／「ウミヘビ」と名づけられてはいるが、こちらは爬虫類ではなく魚類。エラと胸ビレがあり、尾は爬虫類のウミヘビのようにヒレ状にはなっていない。

仲間

ホタテウミヘビ

→P48参照

写真／萩原清司

● ● ● ヒョウモンダコ

● P49
● P254

小さいながらも、
フグと同じ猛毒を持つタコ。
近年は関東沿岸で捕獲情報が相次ぐ

↓脳
←嘴

被害実例 伊豆のダイビング業者の43歳男性は、過去10年間に2、3回ヒョウモンダコに咬まれたことがある。咬まれたときに痛みは感じなかったが、手の皮が5mmほどむけていたので、水中で傷口に口をつけて吸っておいた（注：絶対に真似しないように！）。その後は何事も起こらなかった。なお、近年は千葉、神奈川、静岡、三重、京都、福井、島根、九州各県などでヒョウモンダコが相次いで捕獲・確認され、自治体が住民や海水浴客らに注意を呼びかけている。

症状 フグと同じテトロドトキシンを持つ。咬まれると数分後に痺れやめまいが生じ、言語障害、視覚障害、嚥下障害などの症状を経て、脱力感や嘔吐、呼吸困難が起こる。重症の場合は15分ほどで呼吸麻痺が進行し、90分以内で死亡した事例もある。アレルギー体質の人はアレルギー症状を引き起こす可能性あり。ただし咬まれると必ず毒が注入されるわけではない。

予防法 事故が多いのは春〜秋の朝〜夕方。素手で触らない。

● 分布／房総半島以南
● 生息環境／岩礁域やサンゴ礁など
● 特徴／全長15cmの小さなタコ。茶褐色または黄褐色の体表全体に青いリング状の紋様があり、刺激されると鮮やかな模様が浮かび上がる。青い輪紋は途切れたり破線になっていたりする。
● 生態／8本の足の付け根の中央部にある、鋭い嘴状の口で咬む。咬むときに毒液を分泌し、カニやエビなどの獲物を麻痺させて捕食する。
● まめ知識／長崎大学の研究チームは2018年9月、「ヒョウモンダコは唾液腺だけでなく筋肉や表皮にもテトロドトキシンを持つ」という研究結果を発表し、「最悪の場合、死に至る可能性もあるので食べないように」と呼び掛けている。

仲間

オオマルモンダコ

ヒョウモンダコと似ているが、青い斑点がきれいなリング状になっているのが特徴。テトロドトキシンを持つ。

マダラウミヘビ

P-
P254

**襲ってくることはないが、
ハブやコブラよりもはるかに強い毒を持つ。
いたずらに手出しは無用**

被害実例 1951年9月、石垣市登野城の海岸で午後2時ごろ、8歳の男子小学生が友達に強制され、ウミヘビの口を両手で開けようとしていて左第1指先端を咬まれた。しばらくそのまま遊んでいたが、1時間ほどして「気分が悪い」と訴え、祖母が酢と水の混合液を作って受傷部を浸した。しかし快方せず、2時間後に父親が背負って病院に搬送。男児は筋肉の痛み（部位は不明）を訴え、黒色の尿を排泄。夕方には目を閉じてぐったりし、翌朝10時に死亡した。

近年の事例では、鳩間島でウミヘビ漁をしていた男性が、捕まえるときに誤って指を咬まれるという事故が起きている。男性はどうにか自力で集落までたどりついて救助を要請。ヘリコプターで石垣島に救急搬送され、病院で治療を受け、その後、回復したという。

症状 神経毒よりも筋肉毒のほうが強く作用する。咬まれても痛みはほとんどないが、早くて十数分後、遅いときは数時間後に筋肉の硬直や痛みが始まり、脱力感、口や舌の痺れ、手足の運動障害など

●分布／南西諸島沿岸。まれに本州沿岸まで遡ることもある
●生息環境／サンゴ礁域
●特徴／全長180cm。淡黄褐色と黒の横縞模様で、尾はヒレ状になっている。酷似するクロガシラウミヘビとは黄褐色の頭部で判別できるというが、判別が難しいことも多い。
●生態／日本でいちばん多く咬傷被害が報告されている種。完全な水中生活者で陸には上がらない。胎生で3～15匹の仔ヘビを産む。昼行性。魚を捕食する。
●まめ知識／ウミヘビの仲間のほとんどはおとなしい性格をしており、手でつかんでも咬まれないことも多い。が、このマダラウミヘビだけは別で、気性が荒く攻撃的。海で見かけたらとにかく近寄らないことだ。もっとも、マダラウミヘビかどうかという判別はなかなかつきにくいので、ウミヘビ類イコール危険という認識を持っていたほうがいいだろう。

仲間

クロボシウミヘビ

全長90cm。南西諸島沿岸域に生息。頭部は大きく、体も太め。尾はヒレ状。淡黄褐色と黒の横縞模様をしているが、腹面のみ白いのが特徴。陸には上がらない。　→P49参照

の症状が出る。筋肉の破壊が進むと尿が赤褐色になり、最悪の場合は呼吸障害や心不全を引き起こして死に至る。

ウミヘビ類の毒性はハブやコブラよりもはるかに強く、咬まれると非常に危険な状態に陥る。ただし、毒牙は口内前方にあるものの、口を大きく開くことができないうえ、毒牙も短く、また毒が入りにくい牙の構造をしているため（溝牙類）、咬まれても毒が注入されずにすむこともある。

なお、ウミヘビの仲間の中で、唯一危険がないとされているのがイイジマウミヘビ。というのもイイジマウミヘビは魚卵食なので、ほかの魚食性のウミヘビとは違い、魚を毒で殺す必要がないため。イイジマウミヘビにも毒牙や毒腺はあるのだが、ほとんど退化していて、毒成分もないに等しいという。

予防法 被害は通年、24時間起こりうる。近寄らないのがいちばん。ウミヘビ類は好奇心が強いらしく、泳いでいると向こうから近寄ってくることも珍しくないが、いたずらに手を出したりしてはならない。近づいてきたらその場を離れるか、ウミヘビのほうから遠ざかっていくのを待とう。陸に上がる種については、子供らがいたずらしないように注意すること。

クロガシラウミヘビ

→P49参照

エラブウミヘビ

→P49参照

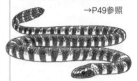

ヒロオウミヘビ

→P49参照

アオマダラウミヘビ

→P49参照

Column

ウミヘビの２つのグループ

ウミヘビはエラブウミヘビ亜科とウミヘビ亜科の２つのグループに分けられる。日本で見られるウミヘビのうち、エラブウミヘビ亜科に属するのは、エラブウミヘビ、ヒロオウミヘビ、アオマダラウミヘビ。一方のウミヘビ亜科はイイジマウミヘビ、クロガシラウミヘビ、マダラウミヘビ、クロボシウミヘビ、トゲウミヘビ、セグロウミヘビ。エラブウミヘビ亜科は卵生で陸に上がって産卵するが、卵胎生のウミヘビ亜科は水中で出産する。海岸の岩穴などに這い上がって群れを成しているのはエラブウミヘビの仲間で、奄美・琉球諸島の島々には群生・産卵場所として知られている所がいくつもある。

●●● アンボイナ

P P50
+ P263

歯舌歯を
出して刺す

**マガキガイと間違える事故が多発。
海で刺されると体が麻痺して
行動不能となり、溺死してしまう**

被害実例

　糸満市名城の海岸でシュノーケリングをしていた38歳男性は、岩穴に入っていたアンボイナをマガキガイと思い込んで採取し、網袋に入れた。その網袋を持ってシュノーケリングを続けていたが、約10分後、左手の前腕に蚊に刺された程度の痛みを覚えた。受傷部を見てみると、歯舌歯が刺さっていたため、これを抜き、用心のため受傷部を口で咬むようにして3、4回、毒を吸引した。このときはまだアンボイナに刺されたという認識はなく、シュノーケリングを再開。30分ほどして岸にもどろうと水中メガネを外したところ、めまい、複視、ノドの渇き、体のだるさを覚えたので、急いで歩いて岸に向かったが、途中で歩くのが困難になり、前方にいた男性に大声で助けを求め、体を支えてもらいながらなんとか岸にたどり着いた。その後、友人の車で病院に搬送されたが、呼吸困難、ノドと唇の痺れなどの症状を併発。ただちに受傷部を切開吸引したのち、点滴と酸素投与の治療を受けた。5日後に全快して退院した。

　また、沖縄・下地島では、漁師の52歳男

●分布／紀伊半島以南
●生息環境／亜熱帯の海やサンゴ礁の浅瀬に多い
●特徴／殻長13cm。イモガイ類の中でも最強の毒を持つ攻撃的な貝。サトイモの形に似た樽形をしていて、殻には白色と赤茶色の不規則な網目模様がある。
●生態／魚食性で、吻から歯舌歯と呼ばれる銛状の毒矢を発射して刺し、毒を注入して獲物を獲る。歯舌歯は殻長と同じ距離だけ延びる。夜行性。
●まめ知識／アンボイナは沖縄の方言で「ハブガイ」または「ハマナカー」と呼ばれている。ハブガイとは、文字通り毒ヘビのハブと同じぐらい強力な毒を持っているという意味。ハマナカーというのは、刺されたあと、岸にたどり着く前の「浜の半ば」で死亡してしまうことを意味している。

仲間

ベッコウイモ

　殻長約6cm。房総半島以南。殻色は紫桃色～淡紫色で、その名のとおりべっ甲模様が入

性がカゴ網漁の最中にアンボイナに左手中指を刺された。その瞬間は、小さなトゲが刺さったような微かな痛みがあったという。男性は受傷部を強く押して毒を出そうとしたが、5、6分後にはふらつきはじめ、間もなくすると立てなくなって座り込んでしまった。舌も麻痺してきて、ふだんのようにしゃべれなくなっていた。仲間はただちに船を近くの港に着け、男性を診療所へ搬送。翌朝には歩けるようになり、午後には退院できるまでに回復した。

| 症状 | 神経毒のため、刺されても痛みはほとんどない。ただし受傷部 |

には歯舌歯が突き刺さって残ることが多い。5〜10分後から随意運動麻痺の症状が現れ、起立、歩行、発声、呼吸などが困難になる。体は動かなくても、意識ははっきりしていることが多い。場合によっては呼吸不全や溺れることなどによって死んでしまう。

| 予防法 | 被害に遭いやすいのは春〜秋の24時間。イモガイ類は、身が |

殻の中に隠れていると死んでいるように見える。そのうえ貝の模様が美しいことから、つい拾いたくなってしまう。が、毒の強弱こそ違え、イモガイ類はすべて毒を持っているので、手を出さないのが賢明だ。その特徴をしっかりと覚え、姿形の似た貝は決して拾わないように。また、素足で海に入らないことも心掛けたい。

っている。魚を捕食する。毒性は致命的ではない。

タガヤサンミナシ
→P50参照

シロアンボイナ
→P50参照

ニシキミナシ
→P50参照

クロミナシ
→P50参照

ツボイモ
→P50参照

Column

そのほかの貝

沖縄でイモガイ類による被害が多いのは、食用となるマガキガイと間違えて採取してしまうため。マガキガイは形こそイモガイに似ているが、クモガイやスイジガイなどと同じマキガイ綱中腹足目ソデボラ科の仲間。房総半島以南に分布し、殻長約6cm。殻表は淡褐色で、ジグザグ状の模様がある。殻口の内壁はオレンジ色。殻から2つの目を出していること、ギザギザの硬いツメがあることなので、イモガイ類とは区別できる。

マガキガイ

オオジャコガイ

P51
P262

貝殻の外側に鋭いヒレ状突起を持つ。
無理矢理獲ろうとすると
手をスッパリ切ってしまう

 ←挟む

被害実例　27歳男性が八重山の海でシュノーケリングを楽しんでいたとき、サンゴ礁の岩に殻長20cmほどのシャコガイ（シラナミ）がくっついているのを見つけた。以前、民宿で出されたシャコガイの味が忘れられなかった男性は、しめたとばかり、貝を獲って帰ろうとした。しかし、手にはグローブもはめていないし、貝はしっかりと岩にへばりついている。なんとか手で引きはがそうとし、力一杯引っ張った瞬間、右手の親指と人差し指の先をスパッと切ってしまった。貝殻の突起部分がナイフのようになっていたためだった。男性はこれはとても無理だと悟り、指先にズキズキする痛みを覚えながら浜に引き返したのだった。

症状　ヒレ状突起による切創。または水中で挟まれ、身動きできなくなって水死するともいうが、真偽は不明。

予防法　事故が起きる可能性は通年の24時間。見つけたら力任せに獲ろうとしない。また、いたずらに指などを突っ込まないようにする。

●分布／八重山諸島以南
●生息環境／サンゴ礁
●特徴／世界最大の2枚貝で、殻長1.4mにもなる。
●生態／若い個体は足糸でサンゴ礁や岩礁などに付着するが、大きくなると足糸を失い、サンゴ礁内に転がって生息する。
●まめ知識／シャコガイ類の外套膜は色とりどり。思わず目を奪われてしまうほど美しく鮮やかなものもあれば、地味で目立たないものもある。その外套膜には光合成を行なう藻類が共生していて、光合成によって得られる養分で生きている。光が届く水深10mぐらいまでの浅場にシャコガイ類が生息しているのは、このことによる。

仲間

シラナミ

→P51参照

ヒレジャコガイ

→P51参照

クモガイ

🅟 P51
🅞 P262

サンゴ礁に生息する食用となる巻貝。
蓋に鋸状の歯を持ち、
不用意につかむと切傷を負う

被害実例 とある離島で、大潮のリーフで潮干狩りをしていた47歳男性が、ひと休みしようとして岩の上に腰掛け、軍手を外して水を飲もうとしたときに、すぐそばにクモガイが転がっているのが目に入った。条件反射的に手を伸ばしてつかんだ瞬間、人差し指に鋭い痛みが走った。指を見てみると切り傷ができていて、薄く血が滲んでいた。改めてそっとクモガイを拾い上げてみると、殻口からギザギザした歯のようなものがのぞいていた。以来、クモガイを見つけたときには、貝殻の外側を持って拾うようにしているという。

症状 貝の蓋の外縁にはギザギザした鋸状の歯があり、うっかり素手で殻口の内側のほうをつかんだりすると、この歯で切り傷を負うことがある。毒成分は持たない。

予防法 潮干狩りにいくときは必ずグローブや軍手を着用しよう。また、手でつかむときは、鋸状の歯が届かない貝の外側や長い突起を持つといい。

●分布／紀伊半島以南
●生息環境／潮間帯下のサンゴ礁の間の砂地に生息
●特徴／殻高約16cmの巻貝。貝殻の表面は褐色、黄白色または黒っぽい不規則な斑紋や縞がある。殻口の内側は薄いオレンジ色～紫色がかっている。殻は紡錘形で、全体的に丸っこく膨らんでいる。殻口のまわりに7本の細長い突起があるのが特徴。突起は雄よりも雌のほうが長い。
●生態／水中では殻口から2つの目と水管を出し、薄い茶色の蓋の外縁にある鋸状の歯を海底に引っ掛けながら移動する。岩場や海底の小さな藻類やプランクトンを食べる。
●まめ知識／クモガイは食用となる。殻ごとボイルして身を殻から取り出し、ワサビ醤油や酢の物として食べると美味しい。

仲間

スイジガイ

クモガイに似ているが、細長い突起は6本で、漢字の「水」の字に見えることから命名された。
→P51参照

マガキガイ

→P51、205参照

ガンガゼ

P P52
+ P261

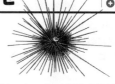

**長く鋭いトゲを無数に持つ。
刺さると激しく痛み、化膿する。
折れたトゲが体内に残ることも**

被害実例 八重山の離島で観光業を営む49歳男性が、潮の引いたリーフ内の海でクーラーボックスを運んでいたときのこと。両手でクーラーボックスを抱えてうしろ向きに歩いていた男性は、突如、右足のふくらはぎの下に猛烈な痛みを覚えて思わずクーラーボックスを落としてしまった。見ると、岩の下からガンガゼの鋭いトゲが何本も飛び出していた。刺さったトゲは折れて体内に残っており、患部はポツポツと黒い斑紋のようになっていた。鋭い痛みが収まるのに1、2日かかった。刺さったトゲは、いつしか消えていた。

症状 刺されると激しい痛みがあり、受傷部は腫れて化膿することが多い。長いトゲはもろくて折れやすく、刺さったトゲが体内に残ることもある。

予防法 被害が多いのは春～秋の朝～夕方。気づかずに踏みつけることがないように、磯遊びや潮干狩りのときには運動靴を履く。足首まで保護されるマリンブーツや長靴がベスト。

● 分布／房総半島以南
● 生息環境／浅い岩礁やサンゴ礁の岩陰などに潜んでいる
● 特徴／殻径9cm。紫黒色のウニ。長さ30cmにもなる細長いトゲを多数持ち、水中でゆったりと動かしている。トゲは中空で折れやすく、先端には毒腺がある。殻表のオレンジ色に見えるものは肛門で、その周囲に5つの青い点（生殖孔）があり、さらにその外側に5つの白い点（光を感じる部分）がある。
● 生態／岩の下やサンゴの陰などに単体もしくは集団で潜んでいる。藻類や砂泥内の微生物などを食べる。光の変化を感じると、トゲを激しく振り回す。

仲間

アオスジガンガゼ

→P52参照

ガンガゼモドキ

→P52参照

トックリガンガゼモドキ

→P52参照

ラッパウニ

P P52
＋ P261

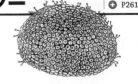

危険生物だと知らずに
触って刺される被害がほとんど。
症状の出方は個人差が激しい

被害実例

インターネット上で公開されている体験談によると、うっかりラッパウニの上に手を置いてしまった瞬間、手首にビビッとした痛みが走り、心臓がドキドキしてくるとともに顔全体が膨張するような感覚を覚えたという。翌日になっても痛みが残っていたので、病院で治療を受け、数日後に完治したそうだ。

症状

症状の出方は個人差が激しい。軽症の場合は痛みと腫れ程度ですむが、重症となれば血圧低下、言語障害、めまい、麻痺、呼吸困難などを引き起こし、全身麻痺や呼吸停止に至ることもある。中にはショック状態に陥る人もいる。また、手のひらなど皮の厚くなっているところで触れるとなんともないが、その手で顔などをこすると、手に着いた毒が皮膚の柔らかい箇所を刺激し、とたんに痛くなることもある。

予防法

被害は通年の朝～夕方。気づかずに踏みつけないように、磯遊びや潮干狩りのときにはマリンブーツや長靴を履く。手にはグローブをする。

●分布／房総半島以南
●生息環境／岩礁やサンゴ礁の砂礫底
●特徴／殻径10cm。体表一面に小さな白い花のような有毒のトゲ（叉棘）に覆われている。
●生態／叉棘が閉じることにより、咬みつくような形で皮膚に刺さり、毒も注入する。リンゴのかけらや貝殻などを体表に付着させていることが多い。
●まめ知識／伊豆のダイビングサービス業、43歳男性は、年に数回はラッパウニに刺されている。が、素手でラッパウニを持ち、叉棘が手にくっついても全然なんともない。これまでに痛みや腫れなどの症状が現れたことは1度もないという。このように、まったく症状が出ない人もいる。

仲間

シラヒゲウニ

殻径7～8cm。房総半島以南に分布。白または赤褐色の短いトゲを持つ。殻表は紫色で、トゲのある部分とない部分が縦に交互に並んでいる。微弱であるが毒を持ち、刺されると刺咬部が赤くなって痛むことがある。

●❶❶ イイジマフクロウニ

ダイバーの被害が多発。
軽症なら短時間で痛みは引くが、
重症となると激痛が1週間以上続く

🅟 P53
🅒 P261

被害実例　ダイビングインストラクターの35歳男性は、伊豆海洋公園の海中で岩に手をついた瞬間、イイジマフクロウニに刺されてしまった。受傷箇所がズキズキしはじめ、体中が熱くなってきたのは4、5分後のこと。唇も腫れてきて、自分の心臓の鼓動音が大きく聞こえるようになって息苦しさを覚えた。海から上がり、救急車で病院に運ばれ、注射と点滴を打たれた。診断の結果はアナフィラキシーショック。一晩入院し、翌日にはほぼ全快した。

症状　刺されると激しい痛みが起こり、受傷部は腫れ上がり、ときに痺れや筋肉の麻痺が伴う。ただし症状の出方には個人差が大きく、軽症なら数時間で痛みは引いてしまうが、重症の場合は激痛が1週間以上続く。人によってはショック症状が出ることもある。

予防法　被害は春〜秋の朝〜夕方。水深が深いところに多く、ダイバーがうっかり触れて被害に遭うケースが目立つ。ウニ自体もけっこう動くので要注意。

●分布／相模湾以南〜九州
●生息環境／水深10m以上のやや深場に生息
●特徴／殻径15cm。棘長3cm。柔らかい袋状の殻を持つ。殻の色は暗紫色。側縁部のトゲは淡色で長いものが多く、その上面のほうにあるトゲは濃赤紫色で白色横帯があり、短い束状になっている。各トゲは袋状の皮膜で覆われ、その中に毒液が入っていて、トゲが刺さると注入される。ガンガゼ同様、光の変化に反応してトゲを動かす。名前の由来は、明治時代の東京大学動物学教室の飯島魁教授にちなんでいる。毒性は強く、ちょっと触れただけでもピリピリする。
●まめ知識／ダイビング中に刺されると、激痛でパニックに陥る恐れがあり、大変危険。とくに初心者のダイバーは注意しなければならない。南紀地方では、このウニに刺されるとピリッと感電したような痛みがあることから、「エレキ」と呼んでいる。
　なお、沖縄には同じ仲間のリュウキュウフクロウニが生息しており、イイジマフクロウニと同様の被害例が報告されている。

P P53
C P261

オニヒトデ

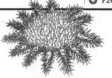

海の危険生物の中でも痛さはトップクラス。
アナフィラキシーショックによる
死亡例も

被害実例 　陸海を問わず、いろいろな危険生物に刺された経験を持つ41歳の男性は、「オニヒトデに刺されたときがいちばん痛かった」と証言。痛みは4、5日で消えたが、指の関節部に刺さったトゲが残っているかのような違和感はその後4、5年も続き、体調がすぐれないときなどに傷むこともあった。なお、2012年4月には、沖縄の伊良部島沖でダイビングインストラクターがオニヒトデに刺されてアナフィラキシーショックを起こし、死亡する事故が起きている。

症状 　刺された直後から激痛が生じ、それが長時間続く。受傷部は腫れ上がり、リンパ腺の腫れ、痺れ、発熱、嘔吐、めまいが伴うこともある。傷口はなかなか直らず、事後経過がよくないと患部が壊死してしまう。

予防法 　被害は通年の朝〜夕方。とにかく触らないこと。テーブルサンゴの下や岩場などには手を入れない。サンゴ礁を歩くときにはマリンブーツ、長靴などを履く（ただし貫通の可能性あり）。

●分布／本州中部以南
●生息環境／サンゴ礁域
●特徴／直径60cmにもなる大型のヒトデ。14〜18本程度の腕に、毒のあるオレンジ色の鋭いトゲがびっしりとついている。体表には青白色や黄色や赤色の斑紋がある。
●生態／体の下方中央にある口から胃袋を押し出してイシサンゴのポリプを食べることから、サンゴの天敵としてつとに有名。周期的に大発生してサンゴ礁を食い荒らす。
●まめ知識／オニヒトデは、まっぷたつに切断したものは再生する能力があるらしいが、4つ以上に切り刻んでしまえば、死んでしまうといわれている。

仲間

トゲモミジガイ

→P53参照

ヤツデヒトデ

→P53参照

モミジガイ

→P53参照

ヤシガニ

ℙ P54
ⓒ P262

**捕まえようとして強靭なハサミに
挟まれる被害が多い。
食べて食中毒を起こす事例も**

被害実例

夏休みに家族連れで沖縄の鳩間島を訪れた男性（年齢不詳）は、9歳の長男といっしょにヤシガニを探しに出掛け、握り拳大ぐらいの小さなヤシガニを見つけた。それを捕まえ、長男に「ほら、持ってみろ」と言って差し出した。長男は恐る恐る手を伸ばしてヤシガニをつかもうとしたのだが、手渡すタイミングが合わず、長男の右手人さし指がハサミに挟まれてしまった。長男は「ギャー」と悲鳴を上げ、振りほどこうとして手を上下に振ると、ぽとりとヤシガニが地面に落ちた。挟まれた指を見てみると、うっすらと血が滲んでいた。ヤシガニが小さかったからこの程度の傷ですんだが、もっと大きなヤツに挟まれていたらと思うと、男性は思わずヒヤッとしたのだった。

症状

強力なハサミに挟まれることによる受傷。ハサミ以外の足による切創。

予防法

被害は春～秋。夜間に多発。人間の気配を察すると逃げていくので、見つけても手を出さない。

●分布／与論島以南
●生息環境／海辺のアダンの林、岩場、洞窟の中など
●特徴／甲長15cm。ヤドカリの一種だが、宿具は持たない（幼体期には貝殻を背負っている）。体色は青みがかった褐色で、固い甲と強靭で大きな2つのハサミを持つ。
●生態／昼間は琉球石灰岩の穴の中やアダンの木の下などに潜み、夜になると這い出してきて活動する。雑食性で、アダンなどの植物の実、魚、家庭の生ゴミなど、なんでも食べる。雌は海で産卵する。
●まめ知識／ヤシガニはこれまでに食中毒による事故も報告されており、死亡例もある（P242参照）。ヤシガニが毒化するのは食べているものによるが、その見分けは困難。「茹でたときに赤くならないものは有毒」など、いろいろな説があるが、いずれも科学的な根拠はないようだ。2020年7月、国際自然保護連合は世界の絶滅危惧種をまとめたレッドリスト最新版を公表、新たにヤシガニが絶滅危惧Ⅱ類（危急）に認定された。

イシガニ

P P54
+ P262

気性は荒く、ハサミを武器に攻撃。
食用にもなる美味しいカニだが、
食中毒になる可能性も

情報　磯遊びの最中に子供が捕まえようとして挟まれるケースが多い。また、食用を目的として採取するときや、釣りエサに使うときなどにも被害に遭いやすい。ハサミは強力なので、挟まれるとかなり痛い。とくに小さな子供が大型の個体に挟まれたりすると危険である。投げ釣りをしていて釣れることもあるので、取り扱いには充分注意しよう。

症状　鋭いハサミに挟まれることによる受傷。甲羅とハサミのトゲによる刺傷。

予防法　事故が起きやすいのは春～秋の朝～昼。干潟などで大きめの石を引っ繰り返すとよく見つかる。ただし気性は荒っぽく、すぐ攻撃を仕掛けてくる。子供がいたずらして手を挟まれないように注意しよう。

なお、イシガニの膵臓からは麻痺性貝毒が検出されている。これは麻痺性貝毒を持つ二枚貝を捕食することによると思われ、食中毒にも注意する必要がある。

●分布／北海道南部～九州
●生息環境／波打ち際から水深数十mまでの砂泥底や岩礁帯など
●特徴／甲幅8cm。ガザミによく似ている。若いうちは緑がかった暗褐色をしていて、甲羅に短い毛が生えている。成長すると毛はなくなり、光沢のある硬質な甲羅となる。また、体色も暗青色に変わる。中には紫がかった個体も見られる。
●生態／ワタリガニの仲間で適応力が強く、生息環境は広範囲に渡る。いちばんうしろの足先は板状になっていて、これを巧みに動かして活発に泳ぐ。小魚、ゴカイ類、貝類などのほか、海藻も食べる。
●まめ知識／イシガニは各地で食用とされており、潮干狩りやカニ籠、釣りなどで捕獲される。身は少ないが、塩茹でや味噌汁にすると美味。

仲間

アミメノコギリガザミ

房総半島以南に分布。甲幅約20cm。体色は暗緑褐色。ガザミ類の中では最大になり、食用とされる。南西諸島ではマングローブ林に多い。

P P54
P P262

モンハナシャコ

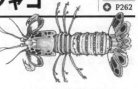

貝の殻やカニの甲羅を難なく叩き割る
強烈なシャコパンチ。
捕まえようとすると痛い目に遭う

被害実例　沖縄は黒島の仲本海岸でシュノーケリングを楽しんでいた37歳男性は、水深1mほどのリーフ内で、エビのような生物を見つけた。それは寿司ネタのシャコのようであったが、色はかなり派手で、しかもかなり大きかった。「もしかして、コレ、食べられるのでは」と思った彼は、すばしこい生物をどうにか追いつめ、手を伸ばしてつかんだ瞬間、指に痺れるような強い痛みを覚えた。それはなにかに思いきり挟まれたような、あるいはひっぱたかれたような痛みで、しばらくは指先がジーンと痺れていた。なにがどうなったのかはわからなかったが、その生物がなにかしたことだけは間違いなかった。男性には、もはやそれをつかまえてみようという気は起こらなかった。

症状　強力な捕脚で叩かれることによる受傷。爪を割られてしまうほどの威力がある。

予防法　被害が起きやすいのは通年の朝〜夕方。見つけても手を出さずに、見るだけにとどめる。

●分布／相模湾以南
●生息環境／サンゴ礁や岩礁など
●特徴／全長15cm。全体的な体色は深緑色。捕脚や尾ビレ、足の先端などは鮮やかな赤色をしていて美しい。目は球体で、頭部の甲に黒斑がある。
●生態／サンゴ礁の礫底や砂地などに巣穴を掘って棲む。エビ類のハサミに相当する捕脚には数本のトゲがあり、これで貝類やカニ、ヤドカリなどを捕らえて食べる。捕脚の一撃は大変強力で、貝の殻やカニの甲羅なども容易に叩き割ってしまう。

Column

観察員からの一言

華やかな色彩がダイバーに人気。しかし捕脚での一撃は破壊力抜群で、これで貝やカニなどを叩き割って食べている。最近は観賞用として熱帯魚のショップなどでも販売されるようになっているが、水槽のガラスが割られてしまうケースも報告されている。

P P54
C P263

ゾエア（甲殻類の幼生）

**肉眼では見えず、
海中や砂浜でチクチク刺してくる。
皮膚が弱い人は皮膚炎を起こすことも**

被害実例 サーファーの34歳男性は、週末ともなると湘南方面の海でサーフィンを楽しんでいるが、悩みの種はチンクイ（ゾエア）。とく大量発生した年などは、海に入ったとたんチクチクと全身を刺されてしまい、ひどいときには海水パンツの中にまで入り込んで刺してくる。痛痒くてとてもサーフィンに集中していられず、そんなときには諦めて別のエリアに移動してみるのだが、そこにもチンクイがいるとガックリしてしまうのだそうだ。

症状 チクチクした痛みがあり、間もなく刺されたところが赤く腫れて痒くなってくる。痒みはたいてい数十分で引いていくが、幼児や皮膚の弱い人は皮膚炎を起こすこともある。

予防法 被害に遭いやすいのは春〜夏の朝〜夕方。海に入るときには薄手のウエットスーツを着るなど、なるべく肌を露出しないようにする。例年大発生する場所・時期の海水浴やマリンスポーツは避ける。体を砂に埋めるのもやめたほうがいい。

●分布／日本全域の海洋
●特徴／全長1mm以下なので、肉眼ではほとんど見えない。その形状は種によってだいぶ異なり、成体のエビやカニともまったく似ていない。頭胸部の甲殻は丸く、前方と背に1本ずつ、さらに両側面に1本ずつの長いトゲを持っているのが一般的特徴。
●生態／ゾエアに刺されてチクチク痛むのは、実はゾエアの持つ突起やトゲが皮膚に触れるからである。孵化したゾエアは、動物プランクトンとして海中を漂いながら脱皮を繰り返し、やがて成体へと変貌していく。

Column

観察員からの一言

ゾエアというのは甲殻類の幼生のことで、俗に「チンクイ」と呼ばれている。海水が澱みやすい内湾、海藻が繁茂しているところ、流れ藻やブイの周辺などに発生しやすい。時期的には、幼生が孵化する満月の夜の翌日、成長時期と重なるお盆のころ、海水温が高いときなどに被害が多発する。

ウミケムシ

P P54
+ P261

グロテスクな体に毒液入りの
剛毛を無数に持つ。
危険を感じると毒毛を逆立てて攻撃する

被害実例　その日、西表島在住の49歳男性は、潮が引いたリーフを歩いていた。石を引っ繰り返しながら潮だまりの生物を観察していると、長さ10cmほどのゴカイのような生き物が目に留まった。「なんだろう、これ」と思いながら、軍手をしていた手でなにげなく触ったとたん、チクッときた。軍手を取ってみると、細かい毛がたくさん指先に刺さっていて、かなり痛んだ。毒毛が細いので、軍手を通してしまったのだ。刺さっている毛はその場で抜いたが、痛みはしばらく続いた。あとになって、そのゴカイのような生き物がウミケムシであることを知った。

症状　激しい痛みと痒みがあり、ヤケドをしたような水泡が生じる。痛みと痒みは、長引けば1週間ほど続く。

予防法　被害が起きやすいのは冬〜初秋の朝〜深夜。見つけたら絶対に触らないこと。釣りで釣れてしまったときには、鉤から外すときに毒毛に触れないようメゴチバサミを使うか、ラインごと切って海にお帰り願おう。

●分布／本州中部以南
●生息環境／海底
●特徴／全長15cm。長い楕円形をしていて、背面中央に暗紫色の斑紋が並ぶ。背面の両側には白い剛毛が生えている。剛毛は中空で、中に毒液が入っている。
●生態／危険が迫ると寝ていた毒毛を逆立たせ、これに触れると毛が刺さって毒液が注入される。ふだんは砂地を這っているが、夕方から夜間にかけては身をくねらせて海面を泳ぐ。肉食性で、小さな魚やオキアミなどの甲殻類などを食べる。
●まめ知識／投げ釣りで外道として釣れてしまうことがある。シュノーケリングや潮干狩り、磯遊びをしているときに誤って刺されるケースも多い。石を引っ繰り返して自然観察をするときなどは充分に注意をすること。

仲間

ハナオレウミケムシ

全長20cm。本州中部以南に分布。転石の下などに多く見られる。体の側面に毒毛の束がびっしり生えている。

オニイソメ

P P54
C P262

海中の石の下などに潜む巨大イソメ。
鋭い顎歯で咬みついてくる。
二次感染に要注意

被害実例 神奈川県三浦半島の芝崎で磯の生物を観察していた54歳男性が、水深約60cmのところにある石をどかしたところ、長さ約60cmほどのオニイソメを見つけた。持ち上げたときに咬みついてきたが、素早く払い落としたので大きな傷を負うまでにはいたらなかった。しかし、浅い裂傷があり、しばらく痛みが残った。念のため、持参していたステロイド軟膏を塗っておいたが、二次感染はなく痛みも長くは続かなかった。

症状 鋭い顎歯で咬まれることによる激痛。全長1mを超える個体も珍しくなく、体が大きいほど顎歯も大きく、痛みもひどくなる。動作は非常に素早く、魚を真っぷたつに裂くほど力は強い。咬まれた箇所に細菌の二次感染が起こることもある。毒成分を持つとの説もあるが、詳細は不明。

予防法 被害は通年の朝～夕方。見つけても、いたずらに手を出さないこと。釣りエサとして使うときに、咬まれないように注意する。

●分布／本州中部以南
●生息環境／浅場の石や岩の下など
●特徴／全長1m以上にもなる大型のイソメ。体色は黒褐色。400個前後の環節から成り、各環節の両側にはイボ足と呼ばれる足がある。イボ足からは糸状のエラが多数生している。頭部には棍棒状の触手を5本持つ。
●生態／海底の砂泥の中に長い体を隠して顔だけ出し、近づいてきた獲物を鋭い顎歯で切り裂いて捕食する。雑食性。

仲間

イソゴカイ

全長15cm。日本全域の海岸の潮間帯から河口近くの汽水域の砂泥底に穴を掘って生息する。体色はベージュぽく、体の前部は青褐色となっている。体節数は90～130個。鋭い顎歯で咬まれることがある。また、体表に毒成分を分泌する。関西ではイシゴカイ、関東ではジャリメと呼ばれ、釣りエサとして広く使われている。

P P55
P263

カツオノエボシ

別名「電気クラゲ」。
20mにもなる長い触手を持ち、
刺されると感電したような激痛が

触手に毒→

被害実例 秋も深まった10月の夜、仲間とともに船でアカイカ釣りに出掛けた60歳男性。使用した仕掛けは手で直接糸を下ろしたり手繰ったりするもので、イカのアタリを感じて男性は反射的に糸を手繰りはじめたが、突如として右腕に電流が走り、男性は思わず「痛ぇ〜」と叫び声を上げていた。仲間がライトで船べりを照らし出してみると、なにやら緑色のものがへばりついていた。「ああ、こりゃあカツオノエボシだ」という仲間の言葉で、彼はカツオノエボシに刺されたことを初めて知った。手繰っている糸に、カツオノエボシの触手が絡みついてきてしまったのである。右腕にはずっとしびれたような痛みが残っていて、間もなくすると腋の下のリンパもキンキンと痛み出してきた。その夜はもう釣りにならず、男性は船の上でウンウン唸っていた。腕の痺れはおよそ2週間も続いた。

また、宮古島の保良川ビーチでは、友だちと泳いでいた男子中学生が、左手首をクラゲに刺されるという被害があった。刺されたときは痛みはあまりなかったが、痺れるような感じ

● 分布／本州以南の暖海
● 生息環境／沖合
● 特徴／気胞体は直径10cm、触手は最長20mにもなる外洋性のクラゲ。気胞体は青または紫色で、その下に長い触手を持つ。
● 生態／気胞体は浮袋のようになっていて、海面に浮いている。触手の先端に強力な神経毒を含む刺胞があり、触手に触れた瞬間、毒針を発射する。この触手で魚などを捕らえて捕食する。毒についてはまだ詳しく解明されていないようだ。俗に「デンキクラゲ」と呼ばれている。
● まめ知識／カツオが本州太平洋岸に到来するころ、カツオノエボシも黒潮に乗って南の海からやってくる。このことと、気泡体が烏帽子の形をしていることから「カツオノエボシ」という名前がついたという。

で患部には腫れが生じた。病院では軽症と診断され、腫れも翌日に引いた。当初、この事例はハブクラゲによるものと報告されていたが、ハブクラゲがいないとされる3月に起きた事故であり、また、被害に遭った中学生の証言から、外洋性のカツオノエボシが南風に乗ってビーチのすぐ近くまでやって来た可能性が高いと思われている。

症状 　刺された瞬間、電気が走ったような激痛があり、やがて赤紫色に腫れる。水脹れになることも。最悪の場合、ショック症状を起こし、呼吸困難に陥って死亡する。

予防法 　被害が多いのは春～秋の24時間。触手が長いので、気胞体の周囲直径30m以内は危険エリアだと考えられる。海水浴場、ダイビングポイント付近のクラゲ情報をチェックし、発生時には近づかないのがいちばんだ。気泡体は青いビニール袋のように見えるので、海でそのようなものを見かけたらすぐにその場を離れること。とくに風の強いときは浜辺近くまで打ち寄せられて被害が多発するので注意したい。また、浜辺に打ち上げられているものでも、触手には触れてはならない。あらかじめ被害が予想される場合には、ウエットスーツを着用して海に入る。

仲間

カギノテクラゲ

写真／萩原清司

　浅い海の藻場でよく見られる小さなクラゲ。刺胞毒は強く、刺されると激痛があり、重症の場合は体が麻痺することも。なお、北方のキタカギノテクラゲは、現在は同種とされている。

→P55参照

アカクラゲ

写真／萩原清司

→P55参照

アマクサクラゲ

　気胞体は直径8cm。本州中部～九州に分布。被害が多いのは夏。傘は扁平で淡紫紅色もしくは黄色。傘の外表面に刺胞群が放射状に並び、傘縁から16本の長い触手が伸びる。刺胞毒は強い。

ハブクラゲ

P P55
C P263

恐るべし毒の威力。
子供が刺されると重症に陥りやすく、
過去には命を落とした例も

25歳女性がハブクラゲに刺されたのは、中学2年生のときの夏休みの最中だった。場所は沖縄本島、宜野湾市真志喜のコンベンションセンター裏手にあるビーチでのこと。浜から走って海に入り、腰の深さまで来たところで、女性は両足に違和感を覚えた。海藻でも足に絡まったのかと思い、振り払おうとした瞬間、チクチクと針で刺されたような感覚があり、同時にビリビリと電気が走るような激痛が走った。その後はもうパニック状態となり、泣き叫びながら救護室に駆け込んだのである。救護室のスタッフはホースの水で足を洗い、酢をかけてから、足に張りついているクラゲの触手をナイフの背で削ぎ落としていった。触手を取った直後の足には、全体にミミズ腫れができていた。それから1週間程は足を動かすだけでも激痛が走り、ほぼ寝たきり状態だった。その後4、5年ほどは、夏になるたびにミミズ腫れが浮き上がり、痛痒さに悩まされ続けた。現在は痛みも痒さもなくなったが、いちばん太かったミミズ腫れは、まだ太ももの内側に残っている。

●分布／沖縄本島以南
●生息環境／沿岸域。水深50cmほどの浅瀬にも来る
●特徴／傘の直径10cm。触手の長さは1.5mにもなる。傘に4本の腕があり、そこから7本の触手が伸びている。
●生態／触手には刺胞がたくさんあり、触れたものに毒針が刺さって毒液が注入される。遊泳力があり、小魚などを捕食する。半透明の体をしているため、水中では見分けにくい。
●まめ知識／ハブクラゲを食べてみた話が紹介されているのが、『海洋危険生物 沖縄の浜辺から』（小林照幸 文春新書）という本。筆者は有毒部分の触手を切り落とし、カサを細切りにして試食。生食した感想は「しょっぱいトコロテン」。そのほかレモン汁や酢味噌などで食べてみたが、ポン酢に浸したものがいちばん美味しかったという。

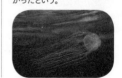

ハブクラゲ（写真／矢野維幾）

1997年8月には、家の近くの沖縄本島金武町の海岸で遊んでいた6歳の女の子がハブクラゲに刺され、意識不明に陥ってしまった。女の子は心肺停止の状態で病院に運ばれ、集中治療を受けたが、意識は戻らず、3日後に多臓器不全のため死亡した。

また、2000年8月には、本土から観光に来ていた8歳の女の子が、沖縄本島恩納村のビーチでハブクラゲに刺され、やはり呼吸が止まってしまう事故が起きた。すぐに父親が人工呼吸を行ない、ビーチスタッフが酢で触手を取り除いたのち、救急車で病院に搬送。幸い女の子は一命を取りとめ、3日後に退院した。

| 症状 |

刺されると激痛があり、患部はミミズ腫れとなって紫色に変色する。重症の場合はショック症状を起こし、呼吸停止や心臓停止を招く。また、広い範囲を刺されたときには数週間後に痒みなどの症状が再発することもあり、瘢痕や色素沈着が残ってしまうケースも多い。

| 予防法 |

被害は5〜10月の朝〜夕方に多発。沖縄で海水浴や潮干狩りをするときは、クラゲ防護ネットが設置されているビーチを選ぶ。防護ネットがない浜では、クラゲ情報をよくチェックし、発生時には海に入らないようにする。肌の露出を極力少なくするのも予防効果がある。

仲間

アンドンクラゲ

夏に多く、8月半ば以降に大量発生することもある。立方形の傘が行灯に似ていることから命名された。毒性は強く、刺されるとヤケドのような激痛があり、ミミズ腫れになる。

→P55参照

Column

観察員からの一言

沖縄県で、危険な海洋生物のなかでも最も被害が多いのがハブクラゲ。近年では、少ない年で約40件、多い年では約150件の事故が起きている。

ハブクラゲの触手にはたくさんの刺胞があり、刺されたときにそれらがすべて発射されるわけではない。酢にはこの刺胞の発射を止める効果があるので、沖縄の海で泳ぐときには酢が必携だ。ただし、少なくとも4、5ℓは必要である。

なお、酢が有効なのはハブクラゲに刺されたときのみ。カツオノエボシなどその他のクラゲまたはウンバチイソギンチャクなどの刺胞動物に関しては、酢の効果が実証されていないばかりか、刺胞の発射を促進させることさえある。

イラモ

P P56
○ P263

強力な毒を持つクラゲの仲間。
地味な海藻のように見え、
知らずに触れてしまって被害に遭う

被害実例　海洋生物を調査している27歳女性は、研究のため沖縄県の伊良部島でイラモを採集していたときに手を刺された経験がある。毒はかなり強烈で、刺されたときは「メチャメチャ痛かった」という。刺されたところはしばらくズキズキしていて、翌日になると痒みに変わった。その痒みは1週間ぐらい経ってようやく収まってきた。このとき作業を手伝ってくれた友人は、タンクを背負ってイラモを採集していたため、長時間イラモと対面することになり、唯一肌が露出していた顔を刺されてしまった。その後、彼女は発熱。顔も大きく腫れ上がり、3日ほど入院するハメに陥った。

症状　刺されると強い痛みがあり、受傷部は赤く腫れ上がる。1、2週間は痛痒さが続く。

予防法　事故が起きやすいのは通年の朝〜夕方。シュノーケリングや海水浴でイラモを見つけたら近づかないこと。なるべく肌を露出しないようにし、足まわりは運動靴やマリンブーツなどで保護する。

●分布／和歌山県紀南地方、南西諸島
●生息環境／サンゴ礁域。日当たりのいい岩の表面につく
●特徴／強い刺胞毒をもつクラゲの仲間。高さ10cm以上の群体で、浅海の死んだサンゴや岩などに付着している。
●生態／茶褐色の海藻のように見え、群体の中に直径5mmほどの白いラッパ状の花のようなものがたくさんある。そこに無数の触手が生えていて、強力な刺胞毒によってプランクトンなどを捕食する。
●まめ知識／イラモによる被害は事例が少なく、刺されたときには対症療法になるようだ。海の中では海藻のように見えるので、岩などに手をつくときにうっかり触ったりしないように。また、イラモの体は非常にもろく、水流によって体の一部がちぎれて刺胞がばらまかれるので、触らなくても近づいただけで刺されることもある。

シロガヤ

● P56
● P263

**強い刺胞毒を持つヒドロ虫の仲間。
刺された箇所は腫れ上がって痒くなり、
痒みは半年間続くことも**

被害実例 24歳男性が大分県真玉町の海水浴場でシュノーケリングをしていたとき、アワビを見つけたので、これを獲ろうと潜って手を伸ばしたとたん、ビリビリッと電気が走ったような感覚を覚えた。慌てて手を引っ込めて岩陰をのぞき込んでみると、そこにはシロガヤがあった。刺された手首のあたりはかなりの痒みが生じたが、しばらくすると症状は軽くなってきた。しかし、患部に触ったり入浴後に体温が上がったりすると再び痒くなった。水疱瘡のような跡も残り、見た人にはずいぶん気持ち悪がられた。痒みも半年ほど続いた。

症状 ヤケドをしたような強い痛みがあり、腫れと痒みを生ずる。痒痛は長引く。ひどい場合はミミズ腫れや水脹れとなり、吐き気や発熱などを併発することもある。

予防法 被害が起きやすいのは春〜秋の朝〜夕方。見つけても触らないようにする。岩陰などにはむやみに手を突っ込んではならない。

●分布／本州北部以南
●生息環境／浅海域に多い
●特徴／高さ20cm。浅海の岩礁などに付着している。葉っぱの白いシダ植物のように見える。
●生態／シダの葉のように見えるのは、実はヒドロ虫が群集した生物。白い部分は羽状の小枝で、軸にあたる部分は茶色っぽい。強い刺胞を持つ触手がある。
●まめ知識／シロガヤにかぎらず、ヒドロ虫の仲間は植物のような群体をつくるものが多く、海藻だと思って触ってしまい、被害に遭うケースが多い。手にグローブをしていれば触っても大丈夫だが、そのグローブで体のほかの部位を触ると、付着していた刺胞が刺さってしまう。

仲間

クロガヤ
→P56参照

ハネウミヒドラ
→P56参照

ドングリガヤ
→P56参照

223

●●● ウンバチイソギンチャク

P P57
P P263

藻のように見えるので、
気づかずに触れてしまう。
強力な毒素が内蔵にもダメージを与える

被害実例 宮古島の吉野海岸で、東京から来ていた46歳の男性がシュノーケリング中にウンバチイソギンチャクに左足を刺された。男性は現地の医療機関で治療を受けたのちに帰京したが、症状が悪化。腫れがひどくなり、激痛に耐えられなくなって救急車を要請し、入院することになってしまった。刺された左足は血行不良を起こして足の指が紫色に腫れ上がり、最悪の場合、指を切断する可能性も指摘された。また、腎機能にも異常が見られた。男性の主治医は、沖縄県内の医師と連絡をとり合いながら治療を継続した。

症状 刺された直後に激痛に襲われる。頭痛や悪寒が伴うこともある。患部には斑点状の刺傷痕が残り、皮膚も壊死してしまう。症状はかなり長引く。重症の場合は、腎機能や肝機能の低下、多臓器不全を招く。

予防法 被害は通年の24時間。藻のように見えるので、とにかくよく注意して触らないようにすることだ。

●分布／南西諸島
●生息環境／沿岸域
●特徴／直径20cm。死んだサンゴや岩などに付着している
●生態／イソギンチャクの仲間だが、触手のある突起部は縮んだ状態で隠れているため、通常は岩に付着した藻のようにしか見えない。が、刺胞が詰まった刺胞球を体壁一面に持ち、そこに気づかずに触れて刺されてしまう。刺胞毒は非常に強い。

仲間

フサウンバチイソギンチャク

→P57参照

Column

観察員からの一言
「ウンバチ」とは、南西諸島で「海のハチ」を意味する。イソギンチャクの中でも最凶といわれている。刺されると傷はかなり悪化してなかなか治らず、おまけに腎臓までやられてしまうこともある。毒性はタンパク質の一種といわれているが、まだ未知の部分も多い。

ハナブサイソギンチャク

P P57
+ P263

エビなどと共生する
カリフラワー型有毒生物。
水中写真撮影時にうっかり刺される事例も

被害実例 琉球大学医学部の研究による
と、平成10年度～17年度の8
年間の沖縄における海洋危険生物による被
害の半数近くはハブクラゲによるもので、イ
ソギンチャク類による被害は全体の1.8％の43
件と少なかったことが判明。その中でもハナブ
サイソギンチャクによるものはそれほど多くはな
く、受傷しても軽症ですむケースがほとんどだ
った。また、ハナブサイソギンチャクの毒につ
いては、ウンバチイソギンチャクが持つ溶血活
性は認められなかったという。

| **症状** | 電気が走ったような激痛に襲わ
れ、刺傷部には発赤と腫脹を
伴う丘疹が散在する。発熱、吐き気、頭痛な
どの症状が現れることもある。痛みはたいてい
24時間以内になくなるが、痒みは残る。

| **予防法** | 被害は通年の24時間。興味本
位で、あるいはうっかり触ってし
まって被害に遭うケースが多いので、見つけ
ても絶対に手を出さないこと。

●分布／紀伊半島以南
●生息環境／サンゴ礁の砂
地や岩陰
●特徴／直径30cm。カリフラ
ワーのような形が特徴で、色は
薄紫色。48本の腕を持ち、そこ
から枝分かれしたたくさんの
触手を砂地の表面に広げてい
る。先端が白く見える触手に強
い刺胞毒を持つ。
●生態／刺激を受けると砂の
中に潜り、その跡は大きな窪み
状になる。
●まめ知識／イソギンチャクカ
クレエビやイソギンチャクモエ
ビなどと共生していることが多
く、これらの甲殻類を入れてイ
ソギンチャクを撮影すると、い
い作品になる。ただし、撮影中
に刺されないよう要注意。

仲間

ウデナガウンバチ

直径30cm。本州中部以南
に分布。サンゴ礁の砂地など
に見られる。ハナブサイソギン
チャクの仲間で、腕はハナブサ
イソギンチャクよりも細く、その
腕を四方に広げた形状で生息
している。 →P57参照

スナイソギンチャク

P P57
P263

ダイバーの間で人気の美しいイソギンチャク。毒は弱いが、人によっては腫れや痒痛が長引くことも

被害実例　ダイビングショップを営む43歳男性のホームグラウンド、伊豆周辺の海にもスナイソギンチャクが生息している。実は男性は毎年1回はこのスナイソギンチャクに刺されている。というのも、あまりの美しさに、つい素手で触ってしまうからだ。手の甲で触れると少しピリピリッとするが、皮膚が厚い手のひらで触ったときはなにも感じない。ただし、ささくれや傷口に触れると、1分間くらいとてもしみる。触れた箇所は、最初、小さなブツブツの水疱状に腫れるが、数分後にはぼやけてきて、1時間も経つと跡も腫れも消えている。痛みは弱いし、跡もめったに残らないので、刺されてもいつも放っておくのであった。

症状　焼けるような痛みがあり、患部は腫れ上がる。しかしウンバチイソギンチャクのように重症になることはまずない。

予防法　被害は通年の24時間。大変美しいイソギンチャクだが、見つけても手を触れないようにする。

● 分布／本州中部以南
● 生息環境／サンゴ礁域。水深5〜60mのやや深い砂地
● 特徴／触手を広げた直径は20cm。砂上に48本の触手を大きく広げている。ピンク、紫、黄色など、触手の色彩変異は非常に多彩で美しく、「世界で最も美しいイソギンチャク」といわれている。
● 生態／触手の表面に白い刺胞を持ち、これによってエサの小魚を捕食する。触手は切れやすく、触ると根元からぽろりと落ちることもある。足部を砂の中に潜らせ、球状に膨らませて体を固定している。夜行性で、昼は触手を縮めているか、砂の中に潜っている。
● まめ知識／ダイバーの間で人気の高いイソギンチャク。ハクセンアカホシカクレエビなどの甲殻類と共生していることが多い。刺されたときの症状の出方は個人差が大きいようで、人によっては腫れや痒痛が長引くこともあるという。

仲間

タマイタダキイソギンチャク

→P57参照

ハタゴイソギンチャク

P P58
P263

**クマノミが共生する
ポピュラーなイソギンチャク。
二次的被害で顔が腫れ上がることも**

被害実例

ビギナーダイバーの間ではクマノミが大人気。西表島のダイビングインストラクター、49歳男性がガイドをするときも、彼らはクマノミを見つけると手を伸ばして触ろうとする。クマノミは共生しているハタゴイソギンチャクの中にすぐ隠れてしまうので、触れることはできないのだが、手はうっかりハタゴイソギンチャクのほうに触れてしまう。そのときはグローブをしているのでなんともないが、海から上がってきて、なにげなくグローブをしたままの手で顔などを触ろうものならさあ大変。グローブにはハタゴイソギンチャクの刺胞がついているので、二次的に刺されることになり、顔が腫れ上がってしまうのだ。そんなビギナーダイバーを見るたびに、男性は心の中で「やれやれ」と呟くのだった。

| **症状** | 刺されると強い痛みがあり、患部は腫れ上がる。子供の場合、発熱することもある。 |

| **予防法** | 被害は通年の24時間。とにかく触らないこと。 |

●分布／奄美諸島以南
●生息環境／浅海のサンゴ礁や岩礁
●特徴／直径40〜50cm。大きなものは1m以上にもなる。触手は1cmほどと、ほかのイソギンチャクに比べて短い。体色は淡褐色、黄色、紫色など、個体によって変異が大きい。
●生態／襞のように入り組んだ口盤を、無数の触手がゆらゆら波打ちながら覆っている。ほとんどの個体には、カクレクマノミなどクマノミの仲間が共生している。触手には刺胞がある。

仲間

シライトイソギンチャク

→P58参照

Column

観察員からの一言

共生しているクマノミは、危険を感じると触手の中にサッと隠れてしまう。そのときに刺胞に刺されないのは、クマノミの皮膚から分泌される粘液が刺胞毒をガードするためである。

●●●● ヤツデアナサンゴモドキ

📄 P58
➕ P263

「ファイヤー・コーラル」の
異名を持つ毒サンゴ。
皮膚が弱い人は近寄っただけでも症状が出る

被害実例 西表島でダイビングショップを営む49歳男性は、水中写真家としても知られている。ある日、西表島近海で撮影をしていたときに、手の甲がヤツデアナサンゴモドキに触れてしまった。そのときはたまたまグローブをしておらず、刺された瞬間はチクッとした痛みがあり、それが熱を帯びたような痛みに変わり、患部は次第に腫れ上がってきた。そのまま手当てもせずに放っておいたが、数日間は痛みが続き、治りかけのころは痒みも生じた。傷は1週間ほどで完治した。

症状 ヤケドをしたような強い痛みがあり、腫れと痒みを生ずる。痒痛は長引く。ひどい場合はミミズ腫れや水脹れとなり、重症の場合は吐き気や発熱、ショック症状などを併発することもある。

予防法 被害は通年の24時間。誤って触らないようにする。シュノーケリングや海水浴では、薄手のウエットスーツや長袖のTシャツ、スパッツ、グローブなどを着用し、なるべく肌を露出を避ける。

●分布／奄美大島以南
●生息環境／発達したサンゴ礁に多く見られる
●特徴／薄黄色〜白っぽい色で、板状の木の枝のような形をしている。
●生態／アナサンゴモドキ類は石灰質の骨格を持ち、表面のポリプの穴が非常に小さいため、ほかの造礁サンゴよりも滑らかに見える。昼でも強い刺胞毒を持った細い糸状のポリプを出す。小魚が身を隠すのによく利用されている。
●まめ知識／アナサンゴモドキの仲間に刺されるとヤケドのような症状が生じることから、英語で「ファイヤー・コーラル」と呼ばれている。その毒は非常に強く、皮膚の弱い人は、触らずともそばに近寄っただけで症状が出てしまう。

アナサンゴモドキ

仲間

イタアナサンゴモドキ

→P58参照

オニカマス

P59
P260

別名「ドクカマス」。
シガテラ毒を持つ。
過去には集団食中毒事故も発生

被害実例 戦後の食糧難時代が続いていた1949年、東京都でオニカマスによる集団食中毒事故が発生。これにより53年、当時の厚生省はオニカマスを有毒魚として食用販売を禁止した。また、1977年9月21日、滋賀県甲西町では事業所の給食を食べた従業員116人中22人が食中毒を発症させる事故が起きたが、その原因もオニカマスと見られている。

症状 手足や口元の痺れ、関節痛、筋肉痛、嘔吐、下痢、頭痛、ドライアイスセンセーション（冷たいものに触れると電気に触れたようなピリピリした痛みがあり、温かいものに触れたときには冷たいものに触れたときのように感じる温度感覚異常のこと）などを引き起こす。重症の場合は麻痺や痙攣がひどくなって昏睡状態に陥り、死に至る。ただし致命率は低い。通常、摂取後8時間以内に発症するが、毒の含有量や摂取量などによって発症時間は異なる。

予防法 事故は通年の24時間起こりえる。とにかく食べないこと。

● 分布／南日本

● 生息環境／熱帯域。沿岸から沖合の表・中層に生息する。

● 特徴／全長2m以上。細長い形状で、体側に数十本の不明瞭な横帯がある。尾ビレは黒いが、先端は白、中央部が切れ込む。口は大きく、歯は鋭い。

● 生態／群れをつくって泳いでいることが多いが、単独でも生息する。「バラクーダ」「ドクカマス」とも呼ばれている。

● まめ知識／筋肉や内臓にシガテラ毒を持つ。厚生労働省の通達により、食用としてはならない有毒魚に指定されている。釣りや漁で捕獲されたものを食べて起こる食中毒が南西諸島などで散見される。

Column

観察員からの一言

ルアーフィッシングやトローリングの対象魚として人気が高い。毒性には個体差が大きく、釣り上げたオニカマスを食べても中毒になるとはかぎらない。ただ、オニカマスは歯が鋭く、咬まれると深い傷を追ってしまう。

トラフグ

P P59
○ P260

**国内で毎年数人が
死亡する猛毒を持つ高級魚。
無許可・無免許の店には要注意**

被害実例 2003年12月、大分県別府市の料理店でフグ料理を食べた夫婦（男性65歳、女性54歳）が中毒症状を起こして入院した。ふたりが食べたのは、トラフグの刺身、シロサバフグの空揚げ、白子入りのクサフグのたたき、トラフグの肝。食事をとってからおよそ4時間後、口の痺れ、手足の痺れ、言語障害などの中毒症状が出たため、救急車で病院に運ばれた。食べた料理と症状から、原因はフグ毒のテトロドトキシンによる中毒とほぼ断定され、入院して胃洗浄などの治療を受けた。その後ふたりは快方に向かったという。なお、この料理店は無許可営業であったが、同じ日に同じ種類の料理を食べた別の4人グループには中毒症状は出なかった。

また、2004年2月には、神戸市在住の60歳男性が前日自分で釣ってきたフグを調理し、64歳の女性といっしょに食べたところ、約20分後に女性の口と手足が痺れはじめ、間もな

● 分布／室蘭以南

● 生息環境／水深200mまでに生息

● 特徴／全長70cm。体色は背面が緑黒色で腹面は白。胸ビレ後方にある白い縁取りの大きな黒斑紋が特徴。ウロコはなく、体は小さなトゲに覆われている。フグの中ではいちばん高価な種で、近年は養殖も盛んに行なわれている。なお、養殖フグは毒を持たない。

● まめ知識／フグ毒のテトロドトキシンは、卵巣、肝臓、腸、皮などに含まれている。この中で最も毒性が強いのは卵巣と肝臓。次いで皮と腸。刺身となる筋肉にはまったく含まれていない場合が多いが、ドクサバフグ、センニンフグ、オキナワフグなど、筋肉に毒を持つ種もいる。また、すべてのフグが同程度の毒を持っているわけではなく、毒の強弱は個体によってかなりばらつきがある。なお、フグのシーズンである12〜6月はちょうど産卵期にあたり、この時期のフグは最も毒性が強いとされている。

仲間

マフグ

全長45cm。北海道以南の水深200mまでに生息。若いころは暗緑色の背面から体側

くして男性も発症。ふたりとも意識不明の重体に陥って入院した。

さらに2020年11月には、徳島で一人暮らしをしていた80代の男性が、自分で調理して食べたフグで中毒死する事故も起きている。

症状 食後、早くて20分、遅くとも6時間以内に発症する。まず舌や唇、手の指先などが痺れはじめ、嘔吐や頭痛、血圧降下、虚脱などの症状が現れる。間もなくして痺れは麻痺に変わって全身に広がり、舌が回らなくなったり歩けなくなったりする。やがて知覚麻痺、言語障害、嚥下・発声・呼吸困難、不整脈、体温の低下などを引き起こし、呼吸が止まって死に至る。死亡までの時間は通常8時間以内。致命率は50〜60％といわれており、もし8時間以内に症状が現れなければ助かる。

予防法 国内ではフグによる中毒事故が毎年30件ほど発生し、約50人が中毒症状を発症、そのうち数人が死亡している。日本で起きる食中毒による死亡事故の過半数はフグ毒によるものだ。

フグ毒による被害の大半は、調理法を誤ることによって引き起こされる。とくに釣ってきたり人からもらったりしたフグを自分で調理するのは厳禁。また、店でフグを食べるときは、信頼できる料理店を選ぼう。

にかけて白い斑点が散在するが、成魚になると消える。胸ビレのうしろと背ビレの付け根には黒い大きな斑紋がある。トラフグのような小さなトゲはない。卵巣と肝臓と皮に猛毒がある。筋肉と精巣は無毒。毒性はフグの仲間の中でも最も強い。

ショウサイフグ

→P59参照

クサフグ

→P59参照

ヒガンフグ

→P59参照

キタマクラ

→P59参照

そのほかアカメフグ、モヨウフグ、ハコフグ、サザナミフグ、シマキンチャクフグ、コクテンフグなどもいる。→P60参照

> **Column**
>
> **観察員からの一言**
>
> 1912年に薬化学者の田原良純博士がフグの卵巣から初めて抽出・命名したフグ毒のテトロドトキシンは、青酸カリの1000倍の強さを持つ。口から摂取したときの致死量は2mgといわれ、トラフグは1匹で13人を殺せるほどの毒量を持つものもいるという。

●●● アオブダイ

P P61
P P260

**パリトキシン様毒による食中毒事故を
引き起こす。死亡例も報告されているが、
毒成分の詳細は不明**

被害実例 1986年11月、54歳の男性が釣り友だちから約5kgのブダイをもらい、翌日、刺身と煮付け（切り身と肝臓）、味噌汁（切り身）にして食べた。翌朝になって男性は下肢部の筋肉痛などを訴えて近くの病院で受診。翌日、大きな病院に入院した。一時は呼吸困難や腎不全に陥るなどしたが、集中治療室で2週間程の治療を受け、約1ヶ月半後に無事退院した。一方、男性といっしょにブダイを食べた79歳の義母は、筋肉崩壊による呼吸停止によって死亡した。のちに男性宅に残っていたブダイのヒレ、アラ、ウロコなどを鑑定したところ、アオブダイによる食中毒であることが判明した（大阪府立公衆衛生研究所HPより）。

また、2001年10月末〜11月上旬には、高知市内および土佐市内で同一の魚を使った鍋料理を食べた9グループ33人のうち、男性7人、女性4人の計11人（24〜57歳）に食中毒症状が現れ、7人が入院するという食中毒事故が起きている。症状は、全員が首、肩、腕、腰、足などの筋肉痛を訴え、呼吸がしに

●分布／東京湾以南
●生息環境／主にサンゴ礁域に生息
●特徴／全長80cm。頭部に突き出た大きなコブが特徴。体色は鮮やかな青緑色。
●生態／夜は岩の間などに潜り込み、体から粘液を出して繭状の袋をつくってその中で眠る。強力な歯でサンゴをガリガリと削り取り、その表面に付いている藻類を食べる。
●まめ知識／アオブダイが持つのはパリトキシン様毒という有毒成分で、筋肉には含まれず、肝に蓄積される。パリトキシンとは海産毒素の一種で、1971年にハワイに生息するイワスナギンチャクから初めて発見された。そのパリトキシンを最初に生産するのは渦鞭毛藻と呼ばれる原生動物の一種だと見られ、渦鞭毛藻→スナギンチャク→アオブダイという食物連鎖によって毒化するものと考えられている。ただし、アオブダイによる中毒は、熱帯地域で発症するパリトキシン中毒とは中毒症状が若干異なるため、「パリトキシン様毒」として区別されているが、まだ詳しいことは解明されていない。な

くい、頭痛、目の充血、ものが二重に見える、熱感、腹痛なども報告された。

　中毒の原因になったと思われる魚は宿毛湾で獲れたもので、体長1.3m、重さ32kg。各グループは、この魚の内臓、アラ、白身をそれぞれ鍋にして食べた。

　専門機関の検査の結果によると、残された魚からはフグ毒のテトロドトキシンやシガテラ毒、麻痺性貝毒などは検出されず、パリトキシン様物質が確認された。ただし、魚種は特定できなかった。

| 症状 | 通常は摂取後5時間程度で発症するが、49時間後に出た事例 |

もある。主な症状は全身の筋肉痛で、そのほか関節痛や痺れ、筋力の低下、痙攣、発語障害など。重症の場合は、頻呼吸、呼吸困難、不整脈、腎臓障害などを引き起こす。嘔吐や下痢などの症状は出ない。

| 予防法 | 事故は通年の24時間。市場にはほとんど出回らないが、釣りや |

漁で獲れたものを譲り受けたり、自分で調理したりして中毒に遭う事例が多い。筋肉には毒がなく、刺身で食べるぶんには問題ないとされるが（有毒だという説もある）、毒を持つ肝は絶対に食べないこと。慎重を期すのなら、素人判断で調理して食べないようにするのがいちばんだ。

お、すべてのアオブダイが毒をもっているわけではなく、生息場所によっては無毒のものもいる。

　厚生労働省によると、国内でのパリトキシン様毒による中毒事故は、1953年から2016年までの間に少なくとも44件起きていて、患者総数は129人、そのうち8人が死亡している。

仲間

ナンヨウブダイ

→P61参照

Column

観察員からの一言

　パリトキシン様中毒とシガテラ中毒との症状の違いは、下痢、嘔吐、ドライアイスセンセーション、筋肉痛があるかないかで判別できる。パリトキシン様中毒の場合は筋肉痛が起こり、下痢や嘔吐などの消化器症状は出ない。また、シガテラ中毒は嘔吐や下痢があり、ドライアイスセンセーションの症状が出ることが多い。

　アオブダイと同じブダイ科の仲間の魚は、小笠原や沖縄近海を中心に多数生息してして、食用とされているものも多い。ただし、形状や体色がアオブダイと似ているため素人には見分けがつきにくい。

ツムギハゼ

Ⓟ P61
Ⓞ P260

ハゼの仲間＝食べられるとはかぎらない。
フグ毒と同じテトロドトキシンを持つ猛毒魚

被害実例　本土から西表島に移住してきた47歳男性は大の野鳥好き。暇があれば双眼鏡片手に野鳥観察に出掛けていた。数年前、浜辺で海鳥を観察していた彼は、羽にケガを負って飛べなくなっているコアジサシを発見、これを家に連れて帰った。手当ての甲斐あり、コアジサシは徐々に回復し、あと数日したら飛べるようになるだろうと思っていたある日、獲ってきた小魚をコアジサシに与えた。それは河口付近にたくさんいるハゼのような魚で、夕食のおかずにしようと獲ってきたその魚を、コアジサシにもおすそ分けしたのだった。ところが魚を食べて数分後、様子がおかしいなと思う間もなく、コアジサシは呆気なく死んでしまった。図鑑を調べてみると、その魚はまぎれもないツムギハゼ。フグと同じ毒を持つ魚だった。

症状	基本的にはトラフグの項（P230）に同じ。
予防法	事故は通年、24時間起こりえる。食べないことに尽きる。

●分布／伊豆半島以南

●生息環境／内湾の浅瀬やマングローブ域の干潟の泥地。河口域やその沿岸の砂地などに生息する

●特徴／全長15cm。頭も目も大きく、目は頭頂部で接近している。体色は黄褐色。体の側面から尾にかけて紬模様のような黒褐色の斑紋がある。背ビレの第2棘が長く伸びる。

●生態／小さな甲殻類や落下昆虫などを捕食する。筋肉や皮膚にフグ毒と同じテトロドトキシンを持つ。ただし、生息域によってはまったく毒を持たないものもいる。

Column

観察員からの一言

　ハゼ類の仲間はほとんど食用とされているが、このツムギハゼだけは別。それを知らないで、「ハゼ＝食べられる魚」という感覚で獲ってしまうのが怖い。地元の人たちは注意していても、ほかから来る旅行者には毒魚という知識がない。とくに食料を自分たちで調達するキャンパーは注意が必要だ。

ヌノサラシ

● P61
● P260

**危険を感じると皮膚から粘液毒を分泌し、
ほかの魚を殺してしまう。
人体には無害との説も**

情報

人的被害はとくに報告なし。刺激を受けると皮膚の毒腺から毒粘液を多量に分泌するので、水槽などにほかの魚といっしょに入っていると、ほかの魚が死んでしまう。そうなると水は泡だらけになってしまうことから、「ソープフィッシュ」と呼ばれている。

なお、ヌノサラシやキハッソクなど皮膚から毒を出す魚は、以前はヌノサラシ科とされていたが、現在はハタ科に分類されている。

症状

皮膚の毒腺からグラミスチンという粘液毒を分泌する。グラミスチンは単純ペプチドのタンパク毒で、溶血性、魚毒性、抗菌活性を示す。強い苦みがあり、古くは食中毒による死亡例もあるそうだが、人間に害を及ぼすほど強い毒ではないともいわれている。

予防法

被害は通年の24時間。食べても美味しくないそうなので、とにかく食べないこと。毒液は人体に無害ともいわれているが、素手で触ったりしないほうが無難だろう。

● 分布／岩手県以南
● 生息環境／沿岸の岩礁域や珊瑚礁域の浅海
● 特徴／体長約30cm。体色は黒褐色〜茶褐色で、体側に白〜淡黄色の縦帯がある。幼魚はこの縦帯が3本だが、成長につれ数が増える。成魚では縦帯が途切れて点線模様のようになる。また、背ビレの棘部の色も幼魚は橙赤色だが、成魚は赤色が消失する。
● 生態／臆病な性格で、危険を感じるとすぐに岩穴などに逃げ込む。小さな甲殻類や小魚などを食べる。刺激を受けると皮膚の毒腺から多量の毒粘液を分泌する。大型魚がヌノサラシを補食しようとしたときに、この毒を口の中で分泌されると、たまらずに吐き出すという。
● まめ知識／ヌノサラシは主に南日本に生息し、従来は日本海側では観察されていなかった。しかし、2011年4月30日に山口県長門市の川尻岬で捕獲され、これが日本海初記録個体となった。

仲間

キハッソク

→P61参照

バラハタ

**嘔吐や下痢、ドライアイスセンセーションを
引き起こすシガテラ毒魚。
症状は長期化することも**

被害実例　奄美大島の名瀬市内にある居酒屋で食事をした男性ら2人が、下痢や嘔吐、口の痺れなどの症状を訴えた。また、別の男性も同様の症状を発症させていたことが判明。店に残されていたバラハタからシガテラ毒が検出され、バラハタによる食中毒事故と断定された。

症状　手足や口元の痺れ、関節痛、筋肉痛、嘔吐、下痢、頭痛、ドライアイスセンセーション（冷たいものに触れると電気に触れたようなピリピリとした痛みがあり、温かいものに触れたときには冷たいものに触れたときのように感じる温度感覚異常のこと）、徐脈や血圧低下などを引き起こす。死亡例はほとんどない。通常、摂取後24時間以内に発症するが、毒の含有量や摂取量、食べた部位などによって発症時間は異なる。事後経過は長引き、回復に数カ月を要することも珍しくない。

予防法　事故は通年の24時間起こりえる。とにかく食べないこと。

● 分布／南日本
● 生息環境／サンゴ礁域
● 特徴／全長60cm。体色は鮮赤色、紫がかった橙色、暗紫色など、変異が非常に大きい。体側に小さな桃色の斑点が無808個体もあるが、この斑点の色も個体によって差がある。ヒレの先端は黄色く縁取りされ、尾ビレは深く湾入する。
● 生態／ハタの仲間は海底付近に生息するが、バラハタは中層を泳いでいることも多い。小魚や甲殻類、軟体動物などを捕食する。沖縄では「ナガジューミバイ」という方言名で呼ばれている。
● まめ知識／沖縄県衛生環境研究所は、県内6箇所の漁業協同組合を通じてシガテラ毒魚の毒性試験を行なった。これによれば、バラハタ（調査数11匹）の有毒率が72.7％、筋肉が27.3％という結果が出ており、「肝を食べなければ安全」「刺身なら大丈夫」というわけではないことが証明された。ただし、毒の有無や毒性の強弱は、生息場所などによる個体差が大きく、食べてもあたらない場合もある。

バラフエダイ

P P62
C P260

**サンゴ礁に棲むシガテラ中毒魚の代表格。
美味しい魚なので、
中毒覚悟で食べる強者も**

被害実例 沖縄県座間味島沖で、男性（年齢不明）がバラフエダイと思われる大型の魚を釣り上げ、友人5人と夕食時に刺身やあら煮にして食べたところ、その日の夜中から下痢、嘔吐、手の痺れなどを発症させた。うちひとりは血圧低下も起こした。医療機関にて診療を受けた結果、シガテラ中毒であることが判明した。

| **症状** | バラハタの項（P236）に同じ。同じシガテラ中毒魚を食べたとしても、出る症状は個人差があり、重症になる人もいれば軽症ですむ人もいる。なお、主な毒であるシガトキシンの強さはフグ毒の約30倍といわれているが、1匹の魚に含まれる毒の量は少ないので、死亡することはほとんどない。フグ毒で死ぬ人がいるのは、毒量が圧倒的に多いからである。

| **予防法** | 事故は通年の24時間起こりえる。とにかく食べないことである。似た魚で安全な種も多いので、判別に迷ったときには手を出さないほうが無難。

●分布／駿河湾以南
●生息環境／サンゴ礁や岩礁
●特徴／全長約1m。体色は桃色がかった赤色。眼の前部に溝があるのが特徴。
●生態／シガテラ中毒を起こす代表的な魚であるが、まったく毒をもたないものもいる。毒は肝臓と筋肉に存在する。
●まめ知識／シガテラ中毒というのは、内蔵や神経系統に変調をきたす食中毒の一種で、サンゴ礁域に生息する魚によって引き起こされるケースが圧倒的に多い。その主な毒素であるシガトキシンは、渦鞭毛藻によって生産され、食物連鎖の過程で魚の体内に蓄積されていく。

また、シガテラ魚の毒性は、魚が獲れた場所などによる個体差が大きく、外見からでは毒の有無や毒性の強弱の判別はまったくつかない。また、姿形が似た魚で安全なものもあるため、同定が難しく被害に遭いやすい。

仲間

イッテンフエダイ

→P62参照

スベスベマンジュウガニ

P P62
C P260

**ハサミの先が黒く、
甲羅が扇形のカニには要注意。
麻痺性貝毒やフグ毒のテトロドトキシンを持つ**

被害実例 1987年12月、石垣市在住の夫婦（夫32歳、妻33歳）が、いざり漁で獲ったカニを味噌汁にして食べた。その15分後、ふたりとも痺れや麻痺などの食中毒症状を起こし、どんぶり2杯分を食べた夫は全身麻痺をきたして3日間入院。妻は摂取量が少なかったこと、そして嘔吐したことが幸いし、軽症ですんだ。保健所の調べなどで、ふたりが食べたカニは、スベスベマンジュウガニと同じ仲間のウモレオウギガニであることが判明した。

症状 フグ毒に似た症状が現れ、死亡例も報告されている。摂取後30分ほどで口唇、舌、顔面、手足が痺れ、頭痛や嘔吐、運動障害、言語障害などが起こる。重症の場合は麻痺が進行し、呼吸困難で死亡する。軽症の場合は48時間以内で回復する。

予防法 事故は通年の24時間起こりうる。サンゴ礁に生息する、ハサミの先が黒くて甲羅が扇形をしたカニは絶対に食べてはならない。

● 分布／房総半島以南

● 生息環境／岩礁海岸と、サンゴ礁の潮干帯から水深100mまでに生息

● 特徴／甲羅長3.6cm、幅約5cm。滑らかな楕円形の甲羅を持つ。基本的に甲羅の色は茶褐色で、白いレースのような模様が入るが、体色や斑紋は個体差がある。ハサミの先は黒色。

● 生態／貝類、ゴカイ、藻類などを食べる。動きはそれほど素早くない。

● まめ知識／スベスベマンジュウガニが持つ麻痺性貝毒は、やはり渦鞭毛藻が生産する猛毒で、食物連鎖によって毒化するものと考えられている。ただし、なぜ特定のカニだけが毒化するのかなど、まだまだわからないことも多い。

仲間

ケブカガニ

→P62参照

ウモレオウギガニ

→P62参照

バイ

🅟 P62
➕ P260

**食用となる美味しい貝だが、
種類や生息場所によって
異なる3タイプの食中毒を引き起こす**

被害実例　鳥取県境港市内の港で魚釣りをしていた親子が他人から貝をもらい、それを自宅で調理して食べたところ、家族4人のうち2人が食中毒に。目が見えにくくなるなどの神経症状を呈し、医療機関で受診した。その後の調査で、原因はエゾボラモドキ（アカバイ）の唾液腺に含まれるテトラミンによる食中毒と断定された。

症状　バイの食中毒には、テトロドトキシンが原因と考えられる「新潟県寺泊型」、生息地周辺の細菌が産生するネオスルガトキシンまたはプロスルガトキシンを原因とする「静岡県沼津型」、バイが唾液腺に持つテトラミンによるものの3タイプがある。主な症状は、口渇、視力減退、瞳孔散大、言語障害など。テトラミン中毒では頭痛、めまい、嘔吐なども発症する。

予防法　事故が起きやすいのは春～秋の24時間。毒化したバイは有毒部位の除去が困難なので、食べないことに尽きる。エゾボラモドキなどは、調理のときに唾液腺を取り除けばいい。

●分布／北海道南部～九州
●生息環境／水深約10mの砂泥底
●特徴／殻長6～7cmになる巻貝。殻は厚く平滑、白地に褐色斑列がある。殻口内は淡い青色を帯びた白色、蓋は薄く、茶色い木の葉形をしている。
●生態／肉食性で、死んだ魚などの臭いを嗅ぎつけ、砂の中から這い出てきて食べる。北海道や東北など、「ツブ」と呼ぶ地方もある。シロバイ、アカバイなどの種類があり、食用とされる。

仲間

エゾボラモドキ

殻長15cm前後。東北以北の深海に生息する。貝殻の色は明るい茶系、丸っこいものや殻高の高いものなど、形はさまざま。地方によっては「アカバイ」「ツブ」「バイ」とも呼ばれる。テトラミン食中毒を引き起こす。

アラレガイ

殻長は2～2.5cm。房総半島以南の水深10～100mの砂底に生息。色彩は淡褐色。殻はふっくらとしていて、表面には縦横の溝で仕切られた無数の丸っこい小突起がある。フグ毒のテトロドトキシンを含む。

食べて食中毒を起こすその他の海の生物

⬇ 魚類

アブラソコムツ

| Ⓟ P63 ➕ P260

南日本の太平洋側に分布。全長2m。深海性の魚で、紡錘形の体型。体色は黒褐色。ルアーフィッシングやスポーツフィッシングでよく釣られている魚だが、筋肉中に多量のワックス（ロウ）を含んでいるため、食べ過ぎると消化不良を起こし、腹痛や下痢、脱水症状を招く。バラムツもワックスの含有量が高い。これらの魚は食品衛生法により販売が禁止されている。予防策はもちろん食べないこと。食べてしまって症状が出たときには、腹痛下痢止めの薬を飲んで安静にしている。

オオクチイシナギ

| Ⓟ P63 ➕ P260

北海道～高知県・石川県の水深400～500mの岩礁域に生息。全長2m。春の産卵期には水深100mほどまで上がってくる。体色は黒褐色で、若魚には体側に縦縞がある。背ビレは鋭いトゲ状になっている。肝臓に多量のビタミンAを含み、過剰摂取により食中毒を引き起こす。症状は激しい頭痛、嘔吐、発熱、顔面のむくみなど。場合によっては手足などの皮がむけるなど皮膚の剥離が生じることもある。この魚も食品衛生法により食用禁止とされている。予防法は食べないこと。

治療は対症療法となる。日本で一般的にイシナギといえば、このオオクチイシナギを指す。

シイラ

| Ⓟ P63 ➕ P260

南日本の沖合に多い。全長2mの大型種。黄金色に輝く体は側扁し、体側に黒い小斑がある。雄の成魚の頭部は大きく張り出しているが、雌は丸みを帯びている。ルアーフィッシングの対象魚として人気が高く、また価格の手頃な水産物として広く流通する。これまでに刺身やソテーを食べたことによる食中毒が報告されており、激しい下痢や嘔吐などの症状が現れる。その原因は主にヒスタミン中毒とされるが、ほかに皮膚に付着する腸炎ビブリオ菌や表皮粘液毒、寄生虫などの可能性も指摘されている。詳細は不明。

ドクウツボ

| Ⓟ P48 ➕ P260

紀伊半島以南のサンゴ礁域に生息。シガテラ中毒魚であるが、沖縄では市場に出回ることもあり、食用とされている。症状、予防策についてはP236のバラハタの項を参照。

ミナミウシノシタ

| Ⓟ P63 ➕ P260

相模湾以南の沿岸やサンゴ礁域の砂底に生息する。全長20cm。平べったいカレイのような体型で、体色は茶褐色だが、周囲の

環境に合わせて体色を変化させられる。砂地と擬態化していることが多い。背面には蛇の目模様の斑紋があり、腹側は白い。体側に毒腺があり、分泌される粘液にはパルダキシンをはじめとする有毒物質が含まれる。この毒液はサメも退散するほど強力だという。食べることでシガテラ中毒に似た症状が現れるが、毒を有するのは皮だけで、皮を剥いて調理すれば中毒にならない。

ヤリヌメリ

ℙ - ➕ P260

全長26cm。積丹半島、函館以南の日本各地の沿岸、外洋の水深10〜60mの砂底に生息する。体全体が粘液に覆われている。背ビレのいちばん前のトゲが3本だけ長い糸状になっている。筋肉、皮、内臓に揮発性イオウ化合物という物質を含み、とても嫌な臭いを発する。クーラーボックスなどに入れるとほかの魚にも臭いが移るという。食べて食中毒を起こしたという報告もある。

⬇ 甲殻類、貝類

チョウセンサザエ

ℙ P63 ➕ P260

殻長8cm前後。奄美諸島以南のサンゴ礁や岩礁の潮間帯下に生息。一般的なサザエと比べると殻が厚く、棘状の突起がないのが特徴。貝殻の表面は地が乳白色で、そこに褐色、緑色、黒色、赤色が斑紋のように混じる。一般に食用とされているが、シガテ

ラ毒の摂取による食物連鎖で毒化する個体もあり、食中毒事故も散見される。少なくとも内蔵や中腸腺は食べないほうが無難だ（肉が毒化するかどうかは不明）。

トゲクリガニ

ℙ P64 ➕ P260

一部地域ではスクモガニと呼ばれている。ケガニをひと回り小さくしたようなカニで、甲長は最大10cm近くまでになる。北海道から宮城県にかけての太平洋沿岸と、北海道の日本海沿岸、および陸奥湾に分布。三陸沿岸と陸奥湾では漁業の対象とされ、とくに陸奥湾では重要な漁業資源のひとつになっている。甲羅は五角形で、緑に大きなトゲ状となる。このほど、麻痺性貝毒を持つムラサキイガイを捕食して毒化することが判明。毒は主にカニ味噌（肝膵臓）に蓄積される。これまでのところ、トゲクリガニによる中毒事故は報告されていないようだが、関係機関は注意を呼び掛けている。

ボウシュウボラ

ℙ P64 ➕ P260

殻長20cm。房総半島以南の浅海に生息。食用となり、刺身などで食べられている。肉食の貝でヒトデ類などを捕食するが、毒化したヒトデを食べた個体による食中毒が報告されている。毒成分はテトロドトキシンで、中腸腺に蓄積される。食用にする筋肉は無毒なので、中腸腺を含む内蔵を取り除けば大丈夫。

241

ホタテガイ

P P64 **+** P260

　殻長20cm。東北以北の水深5〜100mの砂礫底に生息。食用としてお馴染みの二枚貝で、養殖も盛ん。が、北海道では養殖のホタテガイが毎年夏季になると麻痺性貝毒または下痢性貝毒によって毒化し、問題となっている。これは、貝毒の生産元である渦鞭毛藻が春と秋の2回繁殖し、その時期にホタテガイが渦鞭毛藻を食べているため。麻痺性貝毒はフグ毒中毒によく似ており、食後30分ほどで始まる軽度の麻痺が徐々に全身に広がっていき、重症の場合には呼吸麻痺によって死亡することもある。下痢性貝毒はおもに激しい下痢をもたらすもので、嘔吐、腹痛などを併発する。毒性はフグ毒のテトロドトキシンの1/16程度。重症になることはほとんどなく、3日以内に回復に向かう。麻痺性貝毒、下痢性貝毒ともに中腸腺に蓄積されるため、中腸腺を食べなければ食中毒にはならない。

マガキ

P P64 **+** P260

　殻高15cm。日本各地の岩礁や防波堤や岩壁などに付着している。様々な調理法で食される二枚貝。各地で養殖も盛ん。秋から冬にかけてがカキのシーズンとなるが、逆に英語でRのつく月以外（5〜8月）は食べるなといわれている。これは春から夏にかけてがちょうど産卵期にあたり、痩せていて美味しくないうえ、気候的に腐敗しやすいため。やはり渦鞭毛藻の麻痺性貝毒によって毒化することがある。また、小型球形ウイルスに汚染されることもあり、これを生食すると人によっては下痢などの食中毒症状を起こす。ただし、小型球形ウイルスについては加熱すれば問題はない。近年はノロウイルスのリスクも問題となっている（P251参照）。

ムラサキイガイ

P P64 **+** P260

　殻長10cm。日本各地の沿岸の浅海に生息。防波堤や岩場のなどに群生して付着している。もともとは地中海原産の帰化動物で、「ムール貝」「カラス貝」などとも呼ばれ、フランス、イタリア、スペインなどの料理には欠かせない素材となっている。ホタテガイ同様、渦鞭毛藻の麻痺性貝毒または下痢性貝毒によって中腸腺に毒を蓄積する。1976年には宮城県で集団食中毒事件が発生。1987年のカナダ東海岸の集団食中毒事故においては、4人が死亡した。二枚貝の中でもとくに貝毒を蓄積しやすい貝として知られている。

ヤシガニ

P P54 **+** P260

　P210参照。死亡事例を含め、これまでに何件かの食中毒事例が報告されている。たとえば1999年2月には、宮古島の飲食店で茹でたヤシガニを食べたふたりに嘔吐や下痢や関節痛などの食中毒症状が現れ、病院で点滴治療を受けている。ただし、沖縄のヤシガニの生息地では一般的に食用とされており、中毒の事例は非常に稀である。ヤシガニが毒化する原因は、毒性の植物を食べることによる食物連鎖が疑われている。なお、毒化していないヤシガニでも、尾の部分のカニ味噌の中にある腸を食べるとあたるので注意が必要だ。今のところ毒の成分については不明のようで、あたった場合は対症療法となる。

第4章／感染症

ウイルスや細菌、寄生虫などの病原体が体内に侵入することで引き起こされるさまざまな疾患を感染症という。とくに野外活動では、病原体に感染している生物に直接的・間接的に触れることによって人が感染してしまうケースが少なからずある。もちろん、空気感染・飛沫感染するウイルスや細菌にも充分な警戒が必要だ。国内外では今までに見られなかった新しい感染症が報告されること

アニサキス症

**海産魚介類に寄生。
生食によって
体内に取り入れられ、
胃や腸の粘膜に潜入する**

●病原体／アニサキス類の幼虫　●分布
／日本全国　●感染動物／海産魚介類
（カツオ、タラ、アジ、サバ、イワシ、サケ、ニシ
ン、イカなど）

写真／萩原清司

サケも中間宿主となる

| **感染経路** | アニサキス類の幼虫が寄生する海産魚介類を生食することよって体内に取り込まれる。幼虫は人間の体内では生き続けることができない。 |

症状　アニサキス類の幼虫が体内に入り込むと、胃壁や腸壁など消化器系の粘膜に潜入することで、さまざまな症状を引き起こす。胃アニサキス症の場合は、摂取後2〜8時間で発症することが多く、みぞおちのあたりが差し込むように痛み、それが持続する。胃潰瘍の症状と酷似するが、ときに悪寒、嘔吐、下痢、じん麻疹、大量吐血を併発することもある。また、腸アニサキス症の発症は摂取後、数時間〜数日程度で、下腹部に差し込むような痛みが現れ、悪心や嘔吐を伴う。虫垂炎や腸閉塞などと誤診されることもある。

予防法　アニサキス症は12〜3月の冬季に多発する。これは感染源となる魚の漁期に関係するという。感染を防ぐには、海産魚介類の生食を避けるしかない。ただし、アニサキス類の幼虫は冷凍すると不活性化するので、冷凍したものを解凍して食べればOK。あるいは火を通して食べるようにする。

治療法　今のところ特効薬は開発されていない。胃アニサキス症の場合は内視鏡によって幼虫を取り除いたのち、対症療法を行なう。腸アニサキス症の場合は、対症療法を行ないながら幼虫が死亡・吸収されるのを待つ。

●11● ウエステルマン肺吸虫症

サワガニやモクズガニを生食することで感染。中華料理やイノシシの肉から感染した事例も

●病原体／ウエステルマン肺吸虫　●分布／北海道と東北地方の一部を除く全国
●感染動物／サワガニ、モクズガニ

写真／萩原清司
中間宿主となるサワガニ

感染経路　ウエステルマン肺吸虫のメタセルカリア（吸虫の生活環における一ステージ）が寄生するモクズガニやサワガニを生食することによって感染する。また、カニを調理したときにメタセルカリアが包丁やまな板、手に付着し、それを経口摂取することでも起こる。そのほか、子供が川遊びでカニを捕まえることから感染するケースもある。

症状　摂取されたメタセルカリアは腸壁を貫通し、発育しながら腹腔に入り、横隔膜を経て胸腔内に侵入。感染後3～4週間で肺に入り、肺内で虫嚢を形成して産卵する。脳や胸腔、腹腔などに寄生することもある。主な症状は腹痛、胸痛咳、血痰など。ときに微熱が出ることもあり、肺結核と間違われやすい。

予防法　モクズガニやサワガニは生食せず、必ず火を通してから食べること。調理に使ったまな板や包丁は熱湯消毒をする。川遊びでは、素手でカニ類を捕まえないように。なお、2004年には佐賀県の中華料理店で、モクズガニの老酒漬を提供したことによるウエステルマン肺吸虫症の集団食中毒が発生している。また、待機宿主となるイノシシの肉を生食したことで感染した事例もあるので注意が必要だ。

治療法　血液検査、胸部X線写真、喀痰や糞便からの虫卵検出、免疫学的診断法などによって感染を判断。治療には吸虫駆除剤のプラジカンテルを用いるのが一般的。

●●❶● エキノコックス症

**多包条虫の虫卵を
経口摂取することにより感染。
北海道での
野外活動時には要注意**

●病原体／多包条虫 ●分布／日本全国。とくにキタキツネが生息する北海道の野山。以前は北海道にしかいないとされていたが、近年は汚染地域が全国に及んでいることが指摘されている ●感染動物／多包条虫の幼虫はノネズミ、ブタ、人などに、成虫はキツネ、犬などに寄生

感染経路 多包条虫の成虫はキツネや犬の体内で卵を産み、それが便に混じって体外に放出され、水や植物などを汚染する。その卵がなにかの機会に人の口に入ることによってエキノコックス症に感染する。幼虫がノネズミ、ブタ、人などの体内で成虫になることはなく、卵もつくらないので、人間がこれらの動物から感染することはない。

症状 人の体内に入り込んだ多包条虫の卵は腸内で孵化、幼虫は主に肝臓に寄生して重度の肝機能障害を引き起こす。潜伏期間は約10年前後といわれ、発病すると肝機能障害の進行に伴い疲れやすさ、発熱、上腹部の膨満・不快感、黄疸などの症状が出て、1年から半年以内に死亡してしまう。

予防法 多包条虫の卵が口から体内に入らないように細心の注意を払う。北海道では生水は絶対に飲んではならない。飲まなければならないときは、煮沸してから飲むようにする。キャンプなどでまな板や食器などを沢の水で洗ったら、必ず熱湯消毒を。野菜などを沢の水で洗ったときにも熱を通して食べよう。また、エキノコックスが野生のノイチゴやコケモモなどに付着していることもあるので、これらの生食も避けること。

治療法 現在は血液検査などで早期に発見でき、外科手術で治療できる。ただし発見が遅れると完治は期待できない。また、ガンのようにほかの臓器に転移するため、症状が現れたときには手遅れになっていることも多いので、とにかく感染しないようにすることが大事である。

●●●● 広東住血線虫症

**カタツムリやナメクジに寄生する。
人間には
生野菜を経由して
感染するケースが多い**

●病原体／広東住血線虫　●分布／日本全国。とくに沖縄に感染症例が多い　●感染動物／アフリカマイマイ、ナメクジ、スクミリンゴガイ、ヒキガエルなど

写真／萩原清司

アフリカマイマイ

| **感染経路** | 幼虫が寄生するアフリカマイマイやナメクジなどを経口摂取することにより感染 |

する。これらの中間宿主によって汚染された生野菜を食べたり、素手で触れたりすれば、間接的に幼虫が体内に取り込まれてしまう。なお、広東住血線虫の最終宿主はネズミ。中間宿主を摂取したネズミの体内で幼虫は成虫となって産卵する。

| **症状** | 人に摂取された幼虫は、体内を移動しながら脳や脊髄に達する。2〜35日（平均16日）の潜伏期間ののち、発熱、激 |

しい頭痛、悪心、嘔吐、脳神経麻痺などの症状が現れる。場合によっては著しい筋力の低下、知覚異常、四肢の疼痛などを示すこともある。これらの症状は2〜4週間続くが、幼虫が脳内で死滅することにより、通常は自然に治癒する。ただし、失明やてんかんなどの後遺症が残るケースも報告されている。また、寄生する幼虫の数が多いと重篤となり、昏睡に陥ったり死亡したりすることもある。2000年6月には沖縄で国内初の死亡例が報告されている。

| **予防法** | アフリカマイマイやカタツムリ、ナメクジなどを素手で触ってはならない。また、野菜や果物を生で食べるときは流水で充分に洗 |

うこと。キャベツなどの生野菜をスライサーでスライスするときにもよく注意しよう。

| **治療法** | 特効的な治療法はなく、対症療法となる。 |

重症熱性血小板減少症候群（SFTS）

●●● ●

2011年に中国で初めて特定された新しいウイルスによるダニ媒介性感染症。国内でも感染者が続出

●病原体／SFTSウイルス ●分布／日本全国 ●感染動物／フタトゲチマダニなどのマダニ類。国内では、これまでにフタトゲチマダニ、ヒゲナガマダニ、オオトゲチマダニ、キチマダニ、タカサゴキララマダニからSFTSウイルスの遺伝子が検出されている。また、SFTSを発症した人から人、イヌやネコなどのペットから人への感染事例も報告されている。

感染経路 主にSFTS ウイルスに汚染されているマダニに咬まれることによって感染する。また、感染者の体液と接触することによる人から人への感染も報告されている。国内では2013年1月にはじめて患者（死亡）が確認されて以降、毎年60人以上が発症。2020年5月27日現在、517人の患者が報告され、70人が死亡している。

症状 6〜14日ほどの潜伏期間ののち、発熱、食欲低下、嘔吐、下痢、腹痛などの症状が現れる。そのほか頭痛、筋肉痛、意識障害や失語などの神経症状、リンパ節腫脹、皮下出血や下血などの出血症状なども認められる。死亡例も多数ある。致死率は15〜25％。

予防法 マダニの活動期と重なる春〜秋に発生するケースが多い。野外ではなるべく皮膚が露出しないウェアを着て行動する。シャツの袖は軍手や手袋の中に、ズボンの裾は靴下の中に入れる。肌の露出部、ウェアの袖や裾、靴などには虫除けスプレーを塗布しておくといい。帰ったらウェアを脱いでダニがついていないかをチェックし、入浴時には体を撫で回してみる。とくにウェスト部や脇の下、陰部など柔らかい部分のチェックは念入りに。

治療法 有効な薬剤やワクチンはなく、対症療法を行なうしかない。

高病原性
鳥インフルエンザ

●●●●

**致死率の高い鳥の
インフルエンザが人にも感染。
今後の感染拡大・流行が
懸念されている**

●病原体／高病原性鳥インフルエンザウイルス。インフルエンザウイルスには主にA型、B型、C型の3つがあり、このうち鳥類が感染するA型インフルエンザウイルスを鳥インフルエンザウイルスと呼んでいる。中でも毒性が強く、鳥の致死率が高いものを高病原性鳥インフルエンザウイルスといい、H5N1型やH7N9型がよく知られている　●分布／日本全国　●感染動物／鳥類（主に水禽類）

| **感染経路** | 感染した鳥やその排泄物、死体、臓器などに濃厚に接触することにより、まれに感染することがある。かつて鳥インフルエンザは人間には感染しないと考えられていたが、1997年に香港で初めて感染事例が報告され、感染地域の拡大とともに人への感染も増加し、集団発生も起こっている。また、人から人への感染も確認されたという報告もある。日本では今のところ人への感染例は報告されていない。 |

| **症状** | 潜伏期間は1〜10日（2〜5日が多い）。主な症状は、突然の高熱、咳などの呼吸器症状、全身倦怠感、筋肉痛、下痢など。重症化すると肺炎や多臓器不全などを起こし、海外では死亡例も少なくない。 |

| **予防法** | 野鳥は鳥インフルエンザウイルスをはじめ人体に有害な病原体を持っている可能性があるので、衰弱または死亡した野鳥に直接手を触れてはならない。触れてしまったら、すぐに手をよく洗う。また、鳥インフルエンザが流行している地域や国に行くときは、生きた鳥を扱う市場への立ち入りは避け、不用意に鳥類に近寄ったり触れたりしない。鶏肉や卵などは充分に加熱されたものを食べるようにする。 |

| **治療法** | 今のところ有効なワクチンは開発されておらず、タミフルなどを用いた対症療法が行なわれている。 |

日本紅斑熱

ダニが媒介する感染症で、発生は拡大傾向。ツツガムシ病と似た症状が現れ、重症化することも

●病原体／日本紅斑熱リケッチアの一種（リケッチア・ジャポニカ）　●分布／千葉県以西。ただし同様の紅斑熱群リケッチア症は広く世界に分布している　●感染動物／キチマダニ、フタトゲチマダニ、ヤマトマダニなどのマダニ類。1984年に初めて患者が確認され、日本紅斑熱と呼ばれるようになった

人を吸血するマダニの仲間、シュルツェマダニ

| **感染経路** | 野山などで日本紅斑熱リケッチアを持つマダニに刺咬されることにより感染する。 |

| **症状** | 2〜8日の潜伏期間後、頭痛、発熱、倦怠感を伴って発症。ほとんどの症例 |

に発熱、発疹、かさぶた状の刺し口が見られるのが特徴で、ツツガムシ病と酷似する。発疹は全身に広がるが、痒みや痛みはない。治療が遅れると多臓器不全に陥り、死亡することもある。症例数は増加傾向にあり、発生地域も拡大している。

| **予防法** | 関東以南の温暖な地域での発生が目立つ。発生時期には地域差が見られ、また天候の影響も受けるので春〜秋にかけて注 |

意が必要。野外ではなるべく皮膚が露出しないウェアを着て行動する。シャツの袖は軍手や手袋の中に、ズボンの裾は靴下の中に入れる。肌の露出部、ウェアの袖や裾、靴などには虫除けスプレーを塗布しておくといい。帰ったらウェアを脱いでダニがついていないかをチェックし、入浴時には体を撫で回してみる。とくにウェスト部や脇の下、陰部など柔らかい部分のチェックは念入りに。

| **治療法** | 病状が進行すると手遅れになる可能性もあるので、ダニ類に刺咬されて症状が現れた時点で、すぐに医療機関で診察を |

受けること。

●■■● ノロウイルス感染症

**急性胃腸炎や食中毒の
原因となるウイルス。
通常は数日で治癒するが、
汚染拡大には要注意**

●病原体／ノロウイルス。1968年にアメリカのオハイオ州で集団発生した急性胃腸炎の患者から初めてウイルスが検出された
●分布／日本全国　●感染動物／人、二枚貝

写真／萩原清司

二枚貝の生食はなるべく避けたい

感染経路　ウイルスに感染した人が調理した料理を食べる、飛沫を浴びる、嘔吐物や便に触れる、などによる経口感染が多い。また、ウイルスはカキなどの二枚貝に蓄積されやすく、これらを生食したり、加熱不充分のまま食べたりすることでも感染する。そのほか、比較的狭い空間内で空気感染したという報告もある。

症状　潜伏期は1～2日。嘔吐、下痢、腹痛、頭痛、発熱、悪寒、筋痛、咽頭痛、倦怠感などの症状が現れるが、たいてい数日後には自然に治癒する。学校などの施設内で集団発生することも多い。また、乳幼児や高齢者、抵抗力が落ちている人は重症化しやすく、吐瀉物を喉に詰まらせたりして死亡することもある。

予防法　冬場に感染するケースが多い。外出後やトイレのあとにはよく手を洗い、タオルなどは共同で使用しない。カキなどの二枚貝の生食は避け、充分に熱を通してから食べる。二枚貝の調理に使ったまな板や包丁なども入念に洗うか熱湯消毒をする。また、ノロウイルス感染者と接するときはマスクをし、嘔吐物や便には直接触れないようにする。

治療法　ウイルスの増殖を抑える薬剤はなく、整腸剤や痛み止めなどで対症療法を行なう。

対処法と応急処置

クマに遭遇してしまったら

運悪くクマに出会ってしまったときは、大声を出して刺激したりせずに、まずは立ち止まり、できるかぎり自分を落ち着かせて、静かに相手の様子をよく見よう。もし距離が離れていて、クマがこちらに気づいていないならば、じりじり後ずさりをして、ゆっくりその場を離れるようにしよう。慌てて逃げ出そうとするのは、いちばんいけない。走るものを衝動的に追いかけてくる場合もあるからだ。もちろん、大声を出したりモノを投げたりして興奮させるのも禁物である。

クマが近づいてくる場合や、うしろ足で立ち上がって周囲を見回しているときは、人がいることに気づいていない可能性があるので、大きく腕を振り、穏やかに声を掛けてこちらの存在を気づかせよう。こちらが大人数のときは、なるべく1箇所に固まって、手や足を広げて大きく見せるような姿勢をとるといい。クマが人の存在に気づけば、たいていはクマのほうから逃げていく。

20〜50mの距離で遭遇してしまった場合、クマは逃げるか戦うかの葛藤の中で次第に興奮してくることもある。カプカプとアゴを打ち鳴らしながら、唸ったり口から泡を吹いたりする様子も見られる。ときには前足で激しく地面を叩くことも

クマに攻撃されたときにとる防御姿勢。うつ伏せになって腹部の臓器を守り、両手は首のうしろでしっかり組んで首筋を守る。ザックは背中を守るプロテクターになる。転がされても必ずうつ伏せの体勢にもどる

ある。このようなときも慌ててはいけない。クマをさらに興奮させないように、ゆっくり両手を頭上に上げて振り、穏やかに話しかけながら後退しよう。また、クマとの間に立木などの障害物があるのなら、それらを挟む位置に静かに移動する。クマ撃退スプレーを持っているなら、万一に備えてすぐに噴射できる用意をしておこう。

たとえクマが突進してきても、威嚇行動であることが多いので、決して大声を出したり走って逃げ出したりしないこと。威嚇突進が何度も繰り返されることもあるが、途中で止まって引き返していく。ここで大騒ぎすると、本物の攻撃を招いてしまう恐れがある。やはり静かに声を掛け続けながら、ゆっくりとその場を離れることだ。

もし突進が止まらず、3〜4m以内に迫ったら、一気にクマ撃退スプレーを噴射させる。目と鼻をよく狙って全量を噴射させよう。それでもダメなら、あるいはスプレーがな

ければ、防御姿勢をとって攻撃をやり過ごすしかない。このときザックを背負っていれば、背中はおのずとガードされることになる。困難かもしれないが、なるべくそのままじっとしていて、とにかくクマが立ち去るのを待つことである。自己防衛のための攻撃なら、短時間で終わるはずだ。

過去にはナタやナイフや棒などで応戦して助かったという例も報告されているが、逆にクマをいっそう興奮させて致命傷を負わされてしまう可能性のほうが高くなる。攻撃されたときには防御姿勢をとってやりすごすほうが賢明だ。

なお、クマと遭遇したときに、昔からよく言われる「死んだふりをする」のは、かえって危険を招きかねない。逆に興味を持って近づいてきて、引きずり回されたりすることもあるからだ。同様の理由から、直接攻撃されないうちに防御姿勢をとってもならない。

サル、イノシシ、野犬などの対処法

　基本的にはクマの場合と同じ。クマ撃退スプレーは、クマだけではなくサル、イノシシ、野犬などにも有効なので、野外で活動するときには携行をお勧めする。

クマやイノシシ、サルなどへの最も効果的な対向手段となるクマ撃退スプレー

毒ヘビ類やヒョウモンダコに咬まれたら

　安静にさせた状態で医療機関に搬送して診断・治療を受ける。口で毒液を吸い出すのは、今日では奨励されていない（ヒョウモンダコの毒は、飲み込むと大変危険）。ナイフで傷口を開いて毒を出そうとするのも厳禁。毒が回らないようにするため、ハンカチや三角巾などの幅広の布で傷口と心臓の間を軽く縛るのはOKだが、10分に1回1分ほどは緩めて血流を再開させること。とにかく患者を落ち着かせながら、なるべく早めに病院へ行って治療を受ける。以前は、走ると毒の回りが早くなるといわれたが、今は走ってでもいち早く病院に行ったほうがいいとされている。

　ウミヘビやヒョウモンダコの場合は、麻痺が始まらないうちに陸に上がって助けを求める必要がある。顔や首のあたりを咬まれると致命に至ることもあるので、できるだけ急がなければならない。

　ヤマカガシに咬まれた場合は、奥歯で深く咬まれないかぎり、なんともないことのほうが多く、2日以内に異常がなければ安心だ。しかし、

皮下出血や血尿、血便、歯ぐきや古傷からの出血などの症状が現れたときは専門的な治療を要する。抗毒血清はつくられているが、場合によっては大量の輸血や人工透析を行なう必要も出てくる。首筋から飛ばされた毒液が目に入ってしまったら、すぐに流水でよく洗い流して眼科医の治療を受けること。

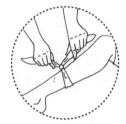

毒のまわりを遅くするため、咬傷部から心臓に近いところを軽く縛る。ただし10分に1回は緩めて血流を再開させる

ハチ類に刺されたら

スズメバチが近づいてきても、じっとしていれば襲われることはない。手で追い払おうとしたり慌てて身をよじったりするから、ハチは自分たちが襲われたと思って攻撃を仕掛けてくるのだ。ハチが飛び回っているところから退避するときは、しゃがむなどして背を低く保ち、ごくゆっくりとしたスピード（秒速1cm程度）で移動する。一定以上のスピードで動くと、ハチが反応して刺されてしまう。

襲われたときには、ウェアなどを頭上で振りかざし、ハチの攻撃をそちらのほうに向けながら逃げるしかない。とにかく走って逃げること。ハチは体にとまってから刺してくるので、とまった瞬間、掌でパシーンと叩きつぶすのが効果的。手で追い払おうとするのは、かえってハチの怒りを増幅させることになる。ハチは黒い色に反応し、髪の毛や瞳を集中的に攻撃してくる。フィールドでは、黒いウェアなどの着用は避けたほうが無難だ。また、甘い匂いにも反応するため、整髪料や香水はつけないほうがいい。

ハチの毒は水に溶けやすいので、

刺されたらすぐに患部を流水で洗い流す。傷口から毒液を絞り出すようにすると効果的だ。口で吸い出してもかまわない。携帯用のポイズンリムーバーを使うのもいい。毒液を吸い出したあとには、抗ヒスタミン剤を含んだステロイド軟膏をたっぷり塗っておく。濡れタオルや冷湿布などで患部を冷やすと痛みが軽減する。

　もしアナフィラキシー・ショックの兆候が見えたら、「エピペン」という携帯用注射キットでアドレナリン（エピネフリン）の薬液を自分で注射するのがベストの処置法である。エピペンは関係医療機関で処方が受けられるので、アナフィラキシー・ショックが心配な人は、かかりつけの医師に相談してみよう。ハチ毒に対するアレルギーの有無は、医療機関の抗体検査で調べてもらうことができる。エピペンを携行していなければ、一刻も早く病院に行って手当てを受けなければならない。

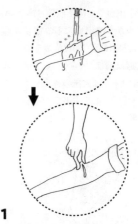

1
ハチ毒は水に溶けやすいので、刺されたらすぐに流水で傷口を洗い流す。指でつまんで毒液を絞り出しながら行なうと効果的だ

2
毒を洗い流したら、抗ヒスタミン剤を含んだステロイド軟膏を塗っておく

スッポンに咬まれたら

咬まれて離さないときは、そのまま水の中に入れれば離れていく。その後、きれいな水で傷を洗い、消毒して化膿止めの薬を塗っておく。傷が深い場合は外科医で治療を受ける。

ヒルに吸着されたら

吸着したヒルを外すときは、キンカンなどの痒み止めの薬やアルコール類をつけるとコロッと落ちる。防虫スプレーを散布したり、ライターやマッチの火を近づけたりするのも効果がある。無理矢理引っ張ってはがすと、傷口の回復が遅くなる。ヒルを落としたあとは、傷口を流水にさらしながら血を押し出すようにして血液の凝固を妨げる物質をよく洗い流し、抗ヒスタミン剤軟膏（虫刺されや痒み止めの薬）を塗ってバンドエイドなどで圧迫止血

しておく。アンモニアを含む薬は絶対に傷口に塗らないこと。また、一度血が止まっても、入浴時に再び出血してくることもあるので、そんなときは圧迫止血を行なう。

ムカデ、サソリ、クモ類

抗ヒスタミン剤含有のステロイド軟骨を塗る。腫れがひどいときには冷たい水で冷やすといい。全身症状が出たときには病院で治療を受ける。セアカゴケグモの場合は、すぐに咬傷部を水や氷で冷やし、病院で治療を受ける。

ダニ類

吸着して間もないダニは、ピンセットや指でつまめば簡単に取り除くことができる。その後、傷口を消毒して、抗ヒスタミン系の痒み止めを塗っておく。吸着して時間が経っているようならば、無理にとろうとせずに、皮膚科の医院に行って切

開除去すること。吸着しているダニを無理に引っ張ると、口器だけがちぎれて残り、二次感染を引き起こして傷口が化膿してしまう。感染症が疑われる症状が現れた場合、発見が遅れると病状が進行して死亡することもある。

イエダニの場合は抗ヒスタミン剤含有のステロイド軟膏を塗っておけばOK。

ドクガ類

ドクガに触れてしまったら、セロハンテープなどを患部に張ってははがすことを繰り返し、皮膚についた毒針毛をできるだけ取り除く。絶対にかいたりこすったりしてはならない。そのあと流水やシャワーで洗い流し、抗ヒスタミン剤を含むステロイド軟膏を塗っておく。氷や保冷パックなどで冷やすと痛みは和らぐ。炎症がひどい場合は、皮膚科で受診したほうがいい。

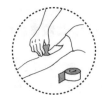

1
セロハンテープやガムテープなどを何度も押し当てて毒針毛を取り除く。かいたりこすったりすると、よけいに悪化してしまう

2
患部を流水で洗い流したのち、抗ヒスタミン剤を含んだステロイド軟膏を塗る

有毒生物の体液がついてしまったら

すぐに水で洗い流し、二次感染を防ぐために抗生物質含有のステロイド軟膏を塗っておく。症状がひどければ病院へ。目に入った場合も流水で洗い、眼科で治療を受ける。

カ、アブ、ブユ、アリなど

抗ヒスタミン剤を含んだステロイド軟膏を患部に塗る。細菌による二次感染を防ぐため、汚れた指でかかないように。アブやブユの場合は軟膏を塗る前に患部をギューッとつねるか前歯で咬むようにして毒液を出しておく。痒みが激しいなど、症状によっては抗ヒスタミン剤を内服する。アレルギー症状が出たときや感染症が疑われるときはただちに医療機関で検査・治療を受けること。

有毒生物の毒を吸い出してくれるポイズンリムーバー。野外活動時には携行したい

花粉症の場合は

残念ながら花粉症が完治する薬は開発されておらず、長年つきあっていく覚悟が必要になる。症状を緩和させるためには、医療機関で診察を受け、症状や体質に応じた薬を処方してもらうのがいちばん。花粉が飛ぶ2週間ほど前から薬を服用すれば、症状を軽減させることができる。市販薬ならば、花粉症用の内服薬や点鼻薬や目薬を用いる。

アレルギー症状を起こす花粉が飛ぶ時期、とくに風が強く晴れた日にはなるべく外に出ない。外出時には、なるべく花粉がつかないように花粉症用のマスク、プロテクター付きのメガネやゴーグル、スカーフ、帽子を着用する。帰宅したら必ずうがいをして、顔や手や目をよく洗うこと。また、マイカーでの外出が多い人は、エアコンフィルターを花粉対策用のものに変える。

自宅ではなるべく窓を閉めておき、室内の掃除をこまめに行なおう。花粉がつきやすく、ダニやカビも発生しやすいじゅうたんは敷か

ないようにする。外に干しておいた洗濯物や布団は、よくはたいて花粉を落としてから取り込む。室内では空気清浄機を使用する。

有毒植物の汁液に触れてしまったら

ウルシ類の仲間に触れたら、患部をよく水で洗い流し、抗ヒスタミン剤を含むステロイド軟膏を塗っておく。決して患部をこすったりかいたりしてはいけない。ウルシ成分がついた手でほかの箇所に触れると、そこまでかぶれてきてしまう。腫れや痒みは、患部を冷やすことによって軽減できる。症状がひどい場合は病院で治療を受ける。

そのほかの植物については、汁液が皮膚についたらすぐに水で洗い流すこと。

植物のトゲが刺さったら

ピンセットなどでトゲを抜き、消毒して傷薬などを塗っておく。傷が深く出血しているときは圧迫止血をして消毒し、滅菌ガーゼなどで傷口を保護する。切り傷の場合はバンドエイドなどを張っておく。

イラクサの場合はセロハンテープなどを何度か患部に押し当てて、刺さっている刺毛を取り除く。決してかいたりこすったりしてはならない。その後、重曹やアンモニア水をかけて毒を中和し、抗ヒスタミン剤含有のステロイド軟膏を塗っておく。

有毒植物や有毒魚を食べてしまったら

効果的な治療法はない。被害を最小限にとどめるためには、口に入れたときに苦味や渋味などがあったり、「なにかおかしいな」と思ったりしたときにはすぐに吐き出すこと。飲み込んでしまったときには、口の中に指を突っ込んでノドを刺激し、胃の中をものを嘔吐する。胃の中のものがなくなったら、水かぬるま

湯を飲みながら、何度も繰り返し嘔吐して胃の中を洗浄する。ひととおり吐き終わったら、医療機関へ急行する。その際に吐き出したものや食べ残しを持っていくと、食中毒の原因になったものが判明するので、的確な治療が受けられる。場合によっては胃洗浄、人工呼吸、気管内挿入、酸素吸入などの治療が必要となる。

食後時間が経ってから腹痛、下痢、吐き気などの食中毒症状が出たときも同様に。なお、食中毒によって意識不明に陥ってしまった人には、ハンカチなどを巻いた指を口の中に入れて嘔吐させる。

海中でサメに遭遇したら

海の中でサメに遭遇したら、とにかく落ち着くように心掛けよう。パニックに陥ってジタバタすると、かえってサメの興味を引くことになってしまう。最初は動かずにサメの動きを観察し、襲ってこないようだっ

たらサメの動きに注意しながらゆっくりとその場を離れよう。もしサメが襲いかかってきたら、抵抗するしかない。最も敏感な部分である目、エラ、または鼻先を狙ってパンチを何度も繰り出そう。カメラや棒など、持っているものはなんでも使って抵抗すること。そうすることによって、こちらが無防備ではないことを示すわけで、運がよければサメのほうから逃げていくかもしれない。

サメの攻撃によって傷を負ったときは、ただちに海から引きずり上げ、止血処置をして早急に病院に搬送する。呼吸や心臓が停止していたら速やかに心配蘇生法を行なうこと。

毒魚やウニ、ヒトデに刺されたら

刺さっているトゲを取り除き、爪先などを使って毒液を血とともに絞り出したら、きれいな水で傷口をよく洗う。40〜45度程度のお湯に患部を浸けておくと痛みが和らぐ。お湯を入れたビニール袋を患部に

当ててもいい。エイなどに刺されて
出血が止まらないときは圧迫止血
を行なう。

　痛みが軽くなってきたら消毒して
化膿止めの薬を塗るが、刺さった
トゲが体内に残っているときやショ
ック症状が出たとき、痛みが収まら
ないとき、傷が化膿したときなどは
病院で治療を受けよう。

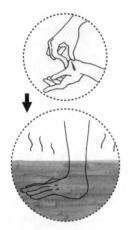

海の有毒生物に刺されたら、傷口を指でつ
まんで毒液を絞り出し、流水で洗い流す。40
〜45度程度のお湯に患部を浸すと痛みが
緩和される

無毒生物による
咬傷や切傷などの場合は

　傷口をきれいな水でよく洗い、
圧迫止血を行なったのち、二次感
染を防ぐために消毒薬や抗生物質
の軟膏を塗っておく。傷が深く出
血が止まらない場合はただちに医
療機関へ。

ダツが刺さったら

　刺さったままのときは、抜き取る
と出血多量を招く恐れがあるので、
引き抜かずに胴を切り落として頭を
残したまま病院に運ぶ。ダツが抜
け落ちていたらただちに圧迫止血
を行なうが、出血が激しい場合は
三角巾やバンダナや太めの布など
を止血帯とし、受傷部よりも心臓に
近い箇所を縛って止血する。その
際には壊死を起こさないように、止
血帯を30分ごとに1度緩め、血流
の再開を図ること。もし呼吸や心臓

が停止しているときには、すぐに心肺蘇生法を施さなければならない。

アンボイナに刺されたら

歯舌歯をすぐに抜き取り、毒を絞り出したのち、傷よりも心臓側の部位を太めの布で縛る。20分以内に歩行困難になるので、声が出せるうちに助けを呼び、歩けるうちに陸に上がる。もたもたしていると歩けなくなって浅瀬でも溺死してしまう。実際、溺死による死亡例がいくつか報告されている。可能ならば集中治療室か強制呼吸設備のある施設へ緊急搬送し、呼吸障害を起こした場合は気管内挿管による強制呼吸を5時間以上受けさせる。アンボイナを知らない医師には「フグ中毒に似た症状」と告げる。

ゾエアに刺されたら

水着など着ているものを脱ぎ、シャワーを浴びて全身をよく洗い流す。痒みが収まらなかったり皮膚炎を起こしたりしたときは、抗ヒスタミン含有のステロイド軟膏を塗る。

刺胞動物に刺されたら

刺された箇所は絶対にこすったりせず（こすると刺胞の発射が促進される）、海水でよく洗い流し、刺胞や触手をピンセットなどで取り除いてから、氷や冷水で冷やす。真水を使うと逆に刺胞の発射を促してしまうので、海水を使うこと。ハブクラゲの場合のみ、酢があれば酢で洗い流すのが効果的だ。症状が軽減しないときは病院で治療を受ける。もしショック症状や呼吸困難が生じたなら、すぐに救急車を呼び、心肺蘇生法を施すこと。とくに子供がハブクラゲに刺されると重症に陥りやすいので、軽症に見えても病院で治療を受けたほうがいい。

サ 行

タ 行

ナ行

 ハ行

● 執筆
　羽根田 治

● 新装版 監修
　須田真一
　（東京大学大学院農学生命科学研究科）
　萩原清司
　（横須賀市自然・人文博物館）
　和田浩志
　（東京理科大学薬学部）
　沖縄県衛生環境研究所

● 旧版 監修
　梅谷献二
　谷重和
　鳥羽通久
　山崎晃司
　山中正実
　和田浩志
　沖縄県衛生環境研究所

● 取材協力
　東京都薬用植物園

● 装丁・レイアウト
　尾崎行欧
　宮岡瑞樹
　本多亜実
　（尾崎行欧デザイン事務所）

● イラスト
　土屋勝敬
　野尻由起子
　ヨシイアコ

● 文庫版編集
　岡山泰史
　平野健太

● 新装版 編集
　井澤健輔（山と溪谷社）
　羽根田治
　本間二郎

● 旧版 編集
　江種雅行
　小林由佳
　井手眞紀子
　花奈

● 写真提供（アイウエオ順）
　アクアワールド茨城県大洗水族館
　アマナ
　石川県白山自然保護センター
　伊勢戸徹
　宇野裕之
　梅谷献二
　大島健夫
　大中みちる
　沖縄県衛生環境研究所
　奥田重俊
　海洋博公園・沖縄美ら海水族館
　勝木俊雄
　神谷有二
　川上紳一
　環境省
　北澤廉
　京都市衛生環境研究所
　串本海中公園センター
　国立感染症研究所
　埼玉県衛生研究所
　清水英彦
　下山孝
　水産研究・教育機構
　すさみ海立エビとカニの水族館
　鈴木庸夫
　高橋昭治
　takun243
　田口哲
　谷重和
　築地琢郎
　名古屋市衛生研究所
　野崎清代
　萩原清司
　八丈ビジターセンター
　平松和也
　深谷信一
　藤田喜久
　星野一三雄
　前田貴
　松倉一夫
　丸山宗利
　矢野維幾
　ヤマビル研究会
　※アブラソコムツの写真出典：
　JAMARC図鑑「スリナム・ギアナ沖の魚類」

ヤマケイ文庫

野外毒本 被害実例から知る日本の危険生物

2021年2月15日　初版第1刷発行

著　者　羽根田　治
発行人　川崎深雪
発行所　株式会社　山と渓谷社
　　　　〒101-0051 東京都千代田区神田神保町1丁目105番地
　　　　https://www.yamakei.co.jp/
　　　　● 乱丁・落丁のお問合せ先
　　　　山と渓谷社自動応答サービス　TEL.03-6837-5018
　　　　受付時間／10：00-12：00、13：00-17：30（土日、祝日を除く）
　　　　● 内容に関するお問合せ先
　　　　山と渓谷社　TEL.03-6744-1900（代表）
　　　　● 書店・取次様からのお問合せ先
　　　　山と渓谷社受注センター　TEL.03-6744-1919
　　　　　　　　　　　　　　　　FAX.03-6744-1927

ヤマケイ文庫 ロゴマークデザイン　岡本一宣デザイン事務所
印刷・製本　株式会社 暁印刷

＊本書は2004年8月に発行し、2014年に改定した新装版『野外毒本』を
　元に文庫化しました。

定価はカバーに表示してあります